普通高等学校"十四五"规划BIM技术应用新形态教材

1＋X BIM工程师职业技能培训教材

工程造价BIM 技术应用

杨汉宁　韦　丽◎主　编

黄　婵　周浩浩　蒋玉荣　余承真◎副主编

秦胜欢　蒋依岑　谢海舰

U0362745

华中科技大学出版社

http://www.hustp.com

中国·武汉

图书在版编目(CIP)数据

工程造价 BIM 技术应用/杨汉宁,韦丽主编. —武汉:华中科技大学出版社,2021.12(2023.8重印)
ISBN 978-7-5680-7781-1

Ⅰ.①工… Ⅱ.①杨… ②韦… Ⅲ.①建筑造价管理-应用软件 Ⅳ.①TU723.31-39

中国版本图书馆 CIP 数据核字(2021)第 252976 号

工程造价 BIM 技术应用　　　　　　　　　　　　　　　杨汉宁　韦　丽　主编
Gongcheng Zaojia BIM Jishu Yingyong

策划编辑：胡天金
责任编辑：叶向荣
封面设计：金　刚
责任校对：曾　婷
责任监印：朱　玢
出版发行：华中科技大学出版社(中国·武汉)　　　电话：(027)81321913
　　　　　武汉市东湖新技术开发区华工科技园　　　邮编：430223
录　　排：华中科技大学惠友文印中心
印　　刷：武汉市洪林印务有限公司
开　　本：787mm×1092mm　1/16
印　　张：13.25
字　　数：330 千字
版　　次：2023 年 8 月第 1 版第 2 次印刷
定　　价：49.80 元

前　　言

近年来,工程造价 BIM 技术已被广泛应用于设计阶段设计概算、招投标阶段施工图预算和工程结算等环节中的工程总造价编制当中。与手工算量相比,工程造价 BIM 技术大大降低了工程总造价编制的难度,并提高了工程量计算的准确性。在施工过程中运用工程造价 BIM 技术计算工程量并进行对量,将结果反馈给设计团队、施工单位以及设施运营等多个对接部门,将使承包方和发包方能准确地掌握实际工程量,从而可以更好地调配工作人员和准备现场施工材料,并预防工程量计算失误造成的财产损失。

目前工程造价 BIM 技术已成为工程造价行业中必不可少的技术。合理使用工程造价 BIM 技术不仅可以提高造价工作的科学性和准确性,还可以大大降低成本并提高工作效率。工程造价 BIM 技术经过不断完善和精细化,在建筑企业中的应用也愈加广泛和深入,从而推动了工程造价从手工计量计价到应用工程造价 BIM 技术计量计价的模式转变。

本书的出版是为了适应当前信息化技术发展的需要,配合高校工程造价专业教学大纲的修订和课程建设而展开的。结合高等学校的课程设置情况,我们力求编写一本适合高等学校工程造价专业教学使用的教材,通过系统地介绍工程造价领域 BIM 技术的概念及应用方法,使学生掌握建模方法、建模软件平台及操作方法,并具备一定的工程造价 BIM 技术应用能力。

本书遵循由浅入深、循序渐进、理论结合实际的原则,充分体现教学的培养目标和理念,注重理论与实际的紧密联系,既有理论知识,也有实际操作,还有大量实际工程案例。本书作为基于广联达工程造价系列软件的教材,具有以下三个方面的特点。

1. 内容涵盖工程计量与工程计价

本书内容包含工程计量与工程计价。在不同的模块训练中,以一个建筑工程项目为案例,依次完成工程计量和工程计价,提高读者学习效率。

2. 项目案例真实,实战性强

本书通过真实建筑项目案例讲解,使理论知识与实际工程相结合,让读者深入理解书中所讲解的知识和掌握软件的基本建模操作。

3. 使用快捷键,提高工作效率

本书的操作完全按照工程计量与计价的要求和建模规范进行,很多操作程序都提供了快捷键的使用方法。没有接触过广联达工程造价系列软件的读者,建议从本书模块一顺次阅读并实际操作。有一定广联达工程造价系列软件基础的读者,可以根据个人的实际情况有选择性地进行浏览。

本书由杨汉宁、韦丽担任主编,黄婵、周浩浩、蒋玉荣、余承真、秦胜欢、蒋依岑、谢海舰担任副主编。具体的编写分工如下:模块一,杨汉宁、黄婵、秦胜欢;模块二,韦丽、余承真、谢海舰;模块三,韦丽、周浩浩、蒋玉荣;模块四,杨汉宁、蒋依岑。

由于编者水平有限,书中难免存在不足之处,恳请广大读者批评指正。

编者
2021 年 7 月

目　　录

概　述

一、工程造价 BIM 技术的发展

(一)工程造价 BIM 技术的概念

随着计算机与信息技术的不断进步和发展,工程造价 BIM 技术随之产生并推动了企业工作模式的发展和变革。工程造价 BIM 技术是利用大数据、BIM(building information modeling,建筑信息模型)、云应用等技术,为国内工程造价领域的企业和从业者提供 BIM 技术相关产品,帮助用户解决项目全过程工程造价业务问题,持续提升工作效能。工程造价 BIM 技术相关产品内置有《房屋建筑与装饰工程工程量计量规范》及全国各地清单与定额计算规则、16 系平法钢筋规则,通过智能识别 dwg 格式图纸、一键导入 BIM 设计模型、云协同等,帮助工程造价企业和从业者解决估概算、招投标预算、施工进度变更、竣工结算全过程各阶段的算量、提量、检查、审核全流程业务,实现一站式的工程造价 BIM 技术应用。

(二)工程造价 BIM 技术对建设项目工程造价的意义

随着时代的发展,建筑企业对信息化建设具有越来越高的重视和需求程度。BIM 技术作为国际工程界公认的革命性技术,正在逐步改变和重塑建筑行业的各个细分领域。而工程造价 BIM 技术可以为建筑企业提高工程造价工作的科学性和准确性,降低成本并提高效率。

在工程造价领域,BIM 技术被广泛地应用于业主方、施工方、咨询方的工程项目管理。

当工程图纸多且复杂时,会导致手算工程量耗时长,数据准确性得不到保证且工作效率低,应用工程造价 BIM 技术可以很好地解决这一问题。只要我们的从业人员对建设项目的图纸资料和数据进行全面了解后,就可以使用工程造价 BIM 技术对建设项目的数据信息在工程设置模块中进行创建输入,之后在建模模块中快速构建建筑模型,通过软件的一系列模块功能进行分析和计算,最后输出结果,生成报表。工程造价人员可以对输出的结果进行查阅和使用,企业可以利用工程造价 BIM 技术中的功能对输出的结果进行存储,使其成为一种无形资产和经验数据。建设项目工程造价管理信息系统利用先进的计算机和网络技术,使工作结构化、可视化、信息化,使造价工作更加高效、精准,从而进一步提高建设项目工程造价管理效率。

(三)工程造价 BIM 技术的发展现状

随着我国建筑企业信息化水平的提高,工程造价 BIM 技术的不断完善和工程精细化管理需求不断增长,建筑企业对工程造价 BIM 技术的需求程度也逐步增大。

建筑企业工程造价工作的基础是计算和数据的统计。在工程造价 BIM 技术还未普及前,传统的工程造价工作以手动计算为主,这需要我们的工程造价人员根据打印版本或电子版的建筑施工图进行手工计算、手工列出计算式、手工绘制图表、手工编写工程造价计算书等一系列工作,其过程极其烦琐,导致相关人员效率低下而且容易视觉疲劳从而造成计算结果出现错误,与实际的工程造价产生较大偏差,出错率偏高。

为了提升工作效能,实时掌握工程进行中的耗费和估算后期工程资金投入,现代化、信息化的全过程计量方法——工程造价 BIM 技术应运而生。根据市场的需求,软件研发企业立足于建筑产业,围绕建设工程项目的全生命周期,以建设工程领域专业应用为核心基础支撑,提供三维建模、智能算量、装配式业务、云对比、云汇总、云报表、云协同、数据互通、零星工程量灵活处理和提量等一系列服务,研发了适用于建筑企业工程造价工作的工程造价 BIM 技术应用软件。相比于传统的工作模式,工程造价 BIM 技术的产生为建筑企业工程造价工作模式的发展注入了新的动力,信息化、现代化的工程造价工作模式可以使建筑企业降低成本和提高效率,提高了建筑企业工程造价工作的科学性和准确性。

建筑行业对工程造价 BIM 技术的需求在逐步增大,未来可能会有更多的企业或专业人士参与建筑企业工程造价 BIM 技术的研发,加入关于工程造价 BIM 技术销售的市场竞争。这种现象可以使得这一技术在建筑企业工程造价工作中的应用程度逐步深入,促进技术成熟,并推进建筑企业的信息化建设的进程。而相关企业也会根据用户的需求对工程造价 BIM 技术进行优化和完善,呈现更加成熟的工程造价 BIM 技术。

二、工程造价 BIM 技术应用的特点

(一)基于 CAD 识别建模

工程造价 BIM 技术的特点就是可以直接导入 CAD 文件。按照操作提示,进入软件操作界面直接导入需要创建工程的 CAD 底图,进行分割以及柱、梁、板等构件的识别,根据相关设定在软件界面快速形成符合要求的模型,也可以采用合法性检查的功能检查模型工程量是否合理。

工程造价 BIM 技术可以在建模和计算工程量时随时以三维的模式对构件进行查看,这样可以直观清晰地查看出每个构件之间的关系,也能准确地反映出设计人员和业主方想要表达的意思。根据图纸中工程结构的要求,在工程设置模块和建模模块分别进行属性的编辑和构件的识别后就可以进行下一步的算量,在这个过程中随时进行三维的检查以避免出现传统计量软件中因看图和识图的差异而造成的工程量计算的误差。

(二)高效应用,信息共享,信息透明

工程造价 BIM 技术可通过量价一体来实现图形工程量的提取、反查和刷新等操作。通过墙面材质纹理可直观区分不同材质的墙,使模型更加直观清晰、便于核查。

BIM 数据库为工程提供详尽的信息,成为工程数据后台的有力支撑。BIM 中的造价基础数据可以在各管理部门间进行协同和共享,根据三维空间利用相关软件对构件类型等进行汇总、拆分、对比分析等并准确及时地传递到各相关部门,保证了信息的透明化,为建立企业定额、概算定额等标准提供了准确的依据。

BIM 建筑信息模型提供有关建筑物实际存在的所有信息,包括几何信息、物理信息和监管信息。BIM 能将所有信息形成一个统一的有机整体,避免信息传输中的变化或丢失。项目在其整个生命周期中共享相同的模型,所有数据收集和更改都在此模型上执行,并且所有这些数据只有一个导出,这样可以保护数据的完整性。

(三)云服务

工程造价 BIM 模型建立之后,造价人员可以根据工程结构的要求,通过云检查、云对

比、云指标、合法性检查等功能进行多方面、多角度的比对，查找定位到工程计算中的错误并及时修改。

云对比：在竣工结算、内部复核、招投标过程中，经常会接触到对量业务，诸如工程设置、钢筋工程量对比等复杂对量问题，云对比能够快速分析、高效解决这个问题。

云汇总：云汇总较本地汇总计算普遍提效 2～7 倍，大幅提升计算效率，解决对量、变更、提量等场景下计算耗时长的痛点。

云报表：基于造价云管理平台 Web 端企业项目空间，实现多个工程提量，直接在 Web 端查看工程量，实现项目级提量和大工程分开建模再合并提量，提高用户合并工程量的效率。可以摆脱客户端，随时随地轻松查看报表数据，主要支持的报表有楼层构件类型级别直径汇总表、清单定额汇总表、绘图输入工程量汇总表等。

云协同：当建模任务量大，时间紧迫，需要多人分工协作完成，线上办公需要增强进度、质量管控时，就可以采用云协同的功能。协同任务完成后可以整合协同工程，程序自动合并所有协同工程。

模块一 建筑工程 BIM 计量模型建立

本模块以一栋三层业务楼为工程案例,根据系统的建模流程,从楼层标高的设置到零星构件和构件做法套取的完成,最终 BIM 计量模型如图 1-1 所示。通过详细介绍该项目信息设置以及各阶段模型建立的全过程,让读者更快、更系统全面地掌握广联达 BIM 土建计量平台 GTJ 的建模方法。

业务楼图纸

业务楼模型

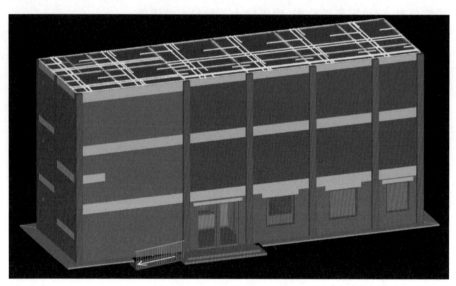

图 1-1

项目一 建筑工程 BIM 计量基础知识

BIM 以三维数字技术为基础,集成了建筑工程项目各种相关信息的工程数据模型,是对工程项目设施实体与功能特性的数字化表达。BIM 是一个完善的信息模型,能够连接建筑项目生命周期不同阶段的数据、过程和资源,是对工程对象的完整描述,提供可计算、查询、组合拆分的实时工程数据,可被建设项目各参与方普遍使用。BIM 具有单一数据源,可解决分布式、异构工程数据之间的一致性和全局共享问题,支持建设项目全生命周期中动态的工程信息创建、管理和共享,是项目实时的共享数据平台。

任务一 建筑工程 BIM 计量基本原理

在建筑工程工程造价管理工作中,工程计量是一项非常重要且繁重的基础工作,完成这项工作需要造价员熟悉制图规范、清单规范、定额规范、计算规则等相关规范要求。随着信息化技术在建筑工程领域中不断地深入应用,工程计量工作也从一开始的手工计算逐渐发展到了现在通过建立 BIM 计量模型来完成,大幅度提高了工程计量的工作效率。

在传统的造价软件中,建筑设计都是采用二维设计,直接利用平、立、剖面工程图纸在软件上进行建模,展现在造价人员面前的常为二维模式。而 BIM 建筑建模建立的三维模型可以将平、立、剖面图纸抽象表达出来。在 BIM 建模中算量软件会根据规则和模型里面各类构件空间位置关系计算出各类型构件的工程量,使建筑模型三维化、立体化。造价人员可以在建模和计算工程量的同时,对建立的三维模型进行检查。将工程量以代码方式提供,可直接套用清单项和定额项从而完成工程量调用,如图 1-2 所示。

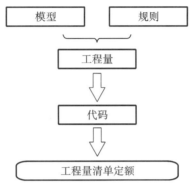

图 1-2

使用 BIM 软件进行工程计量与工程计价的方式是通过输入项目数据信息、构建建筑模型、通过软件分析和计算输出结果并生成报表。跟传统工程计量与工程计价方式相比,利用 BIM 软件比较方便快捷的原因有两个:一方面可以依据工程图纸要求快速建立好三维建筑模型;另一方面可以灵活操作,避免出现手算时容易出错的问题,还可以将构件工程量进行清单和定额的关联。

任务二 建筑工程 BIM 计量软件操作

在进行实际工程的绘制和计算时,GTJ 相对以往的 GCL 与 GGJ 来说,在操作上有很多相同的地方,但在流程上更加有逻辑性,也更简便,其大体流程如下:①分析图纸;②新建工程、打开文件;③工程设置;④建立模型;⑤云检查;⑥汇总计算;⑦查量、查看报表。

一、建筑工程 BIM 计量软件界面介绍

广联达 BIM 土建计量平台 GTJ2021 版本的建模一共分 8 大模块,分别是开始、工程设置、建模、工程量、视图、工具、云应用、协同建模,如图 1-3 所示。

图 1-3

二、建筑工程 BIM 计量软件功能介绍

（一）工程设置

工程设置共分为三大块，分别是基本设置、土建设置、钢筋设置，如图 1-4 所示。工程设置相当于广联达 BIM 土建计量平台 GTJ2021 的内核，把各地定额规则、说明、平法、规范都内置到软件里。

图 1-4

1. 基本设置

基本设置主要包括工程信息和楼层设置两个部分。其中檐高、结构类型、抗震等级、设防烈度、室外地坪标高、混凝土强度等级、保护层厚度，这些对钢筋的影响都比较大，需按图修改。

2. 土建设置

土建设置也包括两大块内容，分别是计算设置和计算规则，与扣减有关系的内容都放在计算规则模块里，计算规则以外的内容，都放在计算设置模块里，比如土方开挖工作面、模板超高、支模夹角等。

3. 钢筋设置

钢筋设置包括五大块内容，分别是计算设置、比重设置、弯钩设置、弯曲调整值设置、损耗设置。计算设置内容相当丰富，平法图集的所有内容都在这里内置，包括计算规则、节点设置、箍筋设置、搭接设置、箍筋公式等。

（二）建模

建模就是绘图，是广联达 BIM 土建计量平台 GTJ2021 最常用的功能，包括选择、图纸操作、通用操作、修改、绘图、识别柱、智能布置、柱二次编辑八大模块，如图 1-5、图 1-6 所示。

图 1-5

这个界面的功能大家都比较熟悉，画图、导图、修改、选择功能都可以在这里找到。

图 1-6

（三）视图

视图主要是界面管理,功能按钮包括选择按钮、三维操作、常用操作、界面管理等,如图1-7所示。

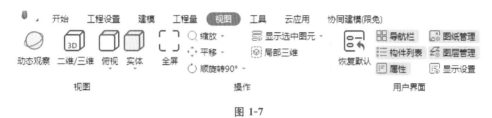

图 1-7

（四）工具

工具界面的功能也非常强大,很多平时找不到的功能,都可以在这里找到,包括选项、通用操作、计算器、测量、钢筋维护等模块。

1. 选项

选项里有很多功能,比如设定软件自动保存间隔时间,工程文件保存位置,修改构件颜色等。此外,还有许多常用功能,比如图层、对象捕捉等。

2. 计算器

当身边没有计算器时,可使用软件自带的计算器工具。

（五）工程量

工程量主要呈现广联达 BIM 土建计量平台 GTJ2021 软件汇总结果。软件给出 7 个功能,其中汇总计算、土建结果、钢筋结果、合法性检查、手工输入、查看报表都是常用的,而云指标比较少见。该功能可以在做完一个工程后,马上给出工程量指标,是非常实用的功能。

（六）云应用

云应用包括两大模块,一是汇总计算,二是工程审核。工程审核中的云检查功能可以制定检查项目,也可以反查到画图阶段。云检查功能很多,比如过去经常出错的地方,可以提前预制成检查项目,还可以设置检查预值,超过这个预值,项目将无法通过。

三、建筑工程 BIM 计量软件操作快捷键

（一）定义快捷键

操作步骤依次为:①在工具栏单击"选项";②在弹出的"选项"窗口选择"快捷键定义"界面,输入相应快捷键命令,单击确定即可,如图1-8所示。

（二）常用快捷键

常用快捷键如表1-1所示。

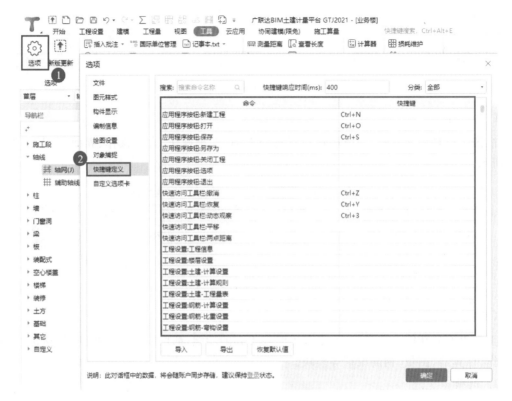

图 1-8　定义快捷键

表 1-1　常用快捷键

快　捷　键	快捷键名称
F1	帮助
F2	构件管理
F3（查找构件，按属性筛选工具栏里构件图元）	批量选择
F3（点式构件，布置构件时改变插入点）	左右镜像翻转
Shift＋F3（点式构件，布置构件时改变插入点）	上下镜像翻转
F4（点式构件，布置构件时改变插入点）	改变插入点
F5	合法性检查
F9	汇总计算
F11	编辑构件图元钢筋/查看工程量计算式
F12	构件图元显示设置
Ctrl＋A	选择所有构件图元
Ctrl＋N	新建工程
Ctrl＋O	打开工程
Ctrl＋S	保存工程
Ctrl＋F	查找图元

续表

快　捷　键	快捷键名称
Ctrl+Z	撤销
Shift+Ctrl+Z	重复
Ctrl+	单击偏移插入点(点式构件)
Shift+	单击输入偏移值
Ctrl+D	报表设计
+	上一楼层
−	下一楼层
Ctrl+5	全屏
Ctrl+I	放大
Ctrl+U	缩小
Ctrl+←	平移-左
Ctrl+→	平移-右
Ctrl+↑	平移-上
Ctrl+↓	平移-下
ALT+P+A	另存为
ALT+P+G	导入图形/钢筋工程
ALT+P+I	导入其他工程
ALT+P+T	导出 GCL 工程
ALT+P+M	合并其他工程
ALT+F+E	删除当前楼层构件
ALT+F+O	从其他楼层复制构件
ALT+F+G	修改楼层构件名称
ALT+F+W	批量修改楼层构件做法
ALT+R+L	查看楼层工程量计算式(图形软件)

项目二　BIM 计量模型建立前准备工作

从本项目开始,以业务楼为工程案例,详细介绍了如何使用广联达 BIM 土建计量平台 GTJ 完成项目土建建模的方法。本项目系统全面地描述了从新建工程开始到轴网建立结束的流程,分模块详细讲解工程项目模型建立前的准备工作。

任 务 一　新 建 工 程

一、分析项目信息

新建工程

在打开广联达 BIM 计量平台 GTJ 新建工程前,需要通过查看项目相关资料及图纸收集相关信息。其中主要包括清单规则、定额规则、平法规则等。通过分析业务楼项目信息了解到,该项目清单规则与定额规则采用 2013 建设工程工程量清单计价规范及相应的地方定额,并采用 16 系平法规则,汇总方式为按照钢筋图示尺寸(外皮)汇总。

二、新建工程

（一）启动软件

在分析图纸、了解工程的基本概况之后,启动广联达 BIM 土建计量平台 GTJ,进入“开始”界面,如图 2-1 所示。

图 2-1

（二）新建工程

进入“开始”界面后,根据上述分析收集的项目信息新建工程。新建工程的操作分为 3 个步骤:①鼠标左键单击界面上的“＋新建”,弹出“新建工程”对话框;②根据项目信息分别输入工程名称、清单规则、定额规则、清单库、定额库、平法规则以及汇总方式；③单击"创建工程"，即完成了工程的新建，如图 2-2 所示。

图 2-2

任务二　计算设置

创建工程后，进入软件界面，如图 2-3 所示，在"工程设置"选项卡中分别对基本设置、土建设置、钢筋设置进行修改。

计算设置

图 2-3

一、基本设置

对于基本设置中的工程信息修改的操作步骤依次为：①单击基本设置中的"工程信息"；②根据图纸分析得到的信息，填入相应信息栏（蓝色部分为必填项，影响工程量计算。黑色字体所示信息只起标识作用，不影响工程量计算，可以不填，不影响计算结果）。在本案例工程中，通过对图纸的分析可知，檐高为 11.4 m，结构类型为框架结构，抗震等级为三级，设防烈度为 7，室外地坪相对±0.000 标高为－0.03 m，分别依次填入对应信息栏中，如图 2-4 所示。

图 2-4

二、土建设置

土建设置中包含"计算设置"和"计算规则"两个选项卡，在 BIM 计量模型绘制前可以通过这两项设置调整土建工程的计算要求。

（一）计算设置

计算设置包括清单计算设置、定额计算设置，这两项设置中都包含土方、基础、柱、梁、板等多个分项的计算设置，在建模之前可以根据项目特点进行相应的计算设置调整。业务楼项目在计算设置中不需要进行选项调整，按默认设置即可，如图 2-5 所示。

图 2-5

（二）计算规则

计算规则包括清单规则、定额规则,这两项规则中都包含柱、墙、门窗洞、梁、板等多个分项的计算规则,在建模之前可以根据项目特点进行相应的计算规则调整。业务楼项目在计算规则中不需要进行选项调整,按默认设置即可,如图 2-6 所示。

图 2-6

三、钢筋设置

根据"结构设计总说明"对钢筋设置中的梁计算设置、板计算设置、搭接设置及比重设置进行修改。

1. 修改梁计算设置

步骤依次为:①单击钢筋设置中的"计算设置";②在左侧构件栏中找到"框架梁"并单击选择;③单击第 27 条"次梁两侧共增加箍筋数量"右侧信息栏,对设置值进行修改。

在此工程中,根据"基础梁配筋图"设计说明"凡主次梁交接处,无论是否设有吊筋,均在主梁上于次梁两侧各设 3 道附加箍筋,其直径同主梁箍筋直径,间距为 50",可知次梁两侧共增加箍筋数量为 6,如图 2-7 所示。

图 2-7

2. 修改板计算设置

步骤依次为：①单击钢筋设置中的"计算设置"；②在左侧构件栏中找到"板/坡道"并单击选择；③单击第 3 条"分布钢筋配置"右侧信息栏进行修改；④单击第 26 条"跨板受力筋标注长度位置"、第 30 条"板中间制作负筋标注是否含支座"及第 31 条"单边标注支座负筋标注长度位置"右侧信息栏分别进行修改。

在此工程中，根据"结构设计总说明"可知，本工程所有分布筋相同，均为 A6@200，如图 2-8 所示。若图纸说明为同一板厚的分布筋相同，则操作为：①单击钢筋设置中的"计算设

图 2-8

置";②在左侧构件栏中找到"板/坡道"并单击选择;③单击第 3 条"分布钢筋配置"右侧信息栏并选择最右侧⋯按键;④选择"同一板厚的分布筋相同";⑤在下方表格中填入信息,如图 2-9 所示。

图 2-9

查看各层板结构施工图,"跨板受力筋标注长度位置"为"支座中心线","板中间制作负筋标注是否含支座"为"是","单边标注支座负筋标注长度位置"为"支座中心线",无须修改,如图 2-10 所示。

	类型名称	设置值
18	受力筋遇洞口或端部无支座时的弯折长度	板厚-2*保护层
19	柱上板带/板带暗梁下部受力筋伸入支座的长度	ha-bhc+15*d
20	柱上板带/板带暗梁上部受力筋伸入支座的长度	0.6*Lab+15*d
21	跨中板带下部受力筋伸入支座的长度	max(ha/2,12*d)
22	跨中板带上部受力筋伸入支座的长度	0.6*Lab+15*d
23	柱上板带受力筋根数计算方式	向上取整+1
24	跨中板带受力筋根数计算方式	向上取整+1
25	柱上板带/板带暗梁的箍筋起始位置	距柱边50mm
26	柱上板带/板带暗梁的箍筋加密长度	3*h
27	跨板受力筋标注长度位置	支座中心线
28	柱上板带暗梁部位是否扣除平行板带筋	是
29	负筋	
30	单标注负筋锚入支座的长度	能直锚就直锚,否则按公式计算:ha-bhc+15*d
31	板中间支座负筋标注是否含支座	是
32	单边标注支座负筋标注长度位置	支座中心线
33	负筋根数计算方式	向上取整+1
34	柱帽	

图 2-10

3. 修改搭接设置

根据"结构设计总说明"修改搭接设置。步骤依次为：①单击钢筋设置中的"计算设置"；②选择"搭接设置"；③分析图纸，对需要修改的部分单击后点击右侧小三角选择相应内容进行修改；④如需要修改的是数字部分，则对需要修改的部分单击后直接输入数字进行修改，如图 2-11 所示。

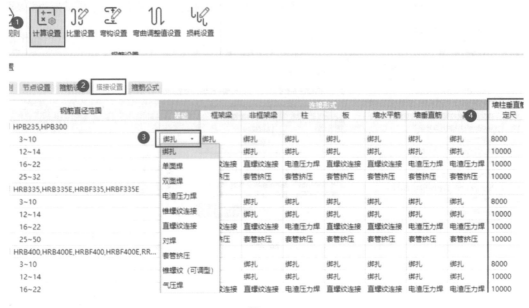

图 2-11

4. 修改比重设置

修改比重设置步骤依次为：①单击钢筋设置中的"比重设置"；②进入"比重设置"对话框，选择"普通钢筋"选项卡；③选择需要修改的钢筋直径并修改钢筋比重值，如图 2-12 所示。

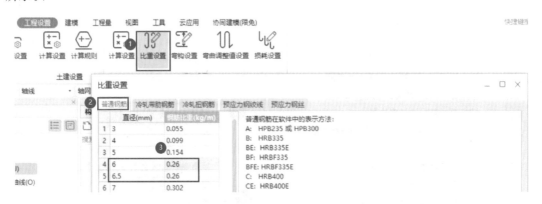

图 2-12

任务三　新建楼层

一、分析图纸

在新建楼层前,需要通过查看图纸得到所建工程结构楼层标高。在本工程中根据"柱平面布置图"可以得到结构层楼面标高的基本信息,如表 2-1 所示。

新建楼层

表 2-1　结构层楼面标高

楼　　层	层底标高/m	层高/m
屋面	10.470	
3	7.170	3.3
2	3.570	3.6
1	−0.03	3.6

二、建立楼层

（一）楼层设置

楼层设置步骤依次为:①单击"工程设置"选项卡;②单击基本设置中的"楼层设置",弹出"楼层设置"选项卡,如图 2-13 所示。

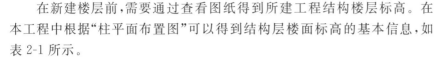

图 2-13

点击进入楼层设置页面后,根据结构层楼面标高对楼层进行设置。步骤依次为:①单击"插入楼层",按照结构层楼面标高信息表插入对应层数;②输入层高;③输入层底标高,如图 2-14 所示。

图 2-14

本工程共有四层,其中第四层为屋面层,首层底标高为-0.03 m,首层层高为 3.6 m,第 2 层层高为 3.6 m,第 3 层层高为 3.3 m。根据这些信息对楼层设置中的楼层列表进行设置,其结果如图 2-15 所示。

楼层设置

单项工程列表	楼层列表(基础层和标准层不能设置为首层,设置首层后,楼层编码自动变化,正数为地上层,负数为地下层,基础层编码固定)						
添加 删除	插入楼层 删除楼层 上移 下移						
业务楼	首层	编码	楼层名称	层高(m)	底标高(m)	相同层数	板厚(mm)	建筑面积(m2)

首层	编码	楼层名称	层高(m)	底标高(m)	相同层数	板厚(mm)	建筑面积(m2)
□	4	第4层	3	10.47	1	120	(0)
□	3	第3层	3.3	7.17	1	120	(0)
□	2	第2层	3.6	3.57	1	120	(0)
☑	1	首层	3.6	-0.03	1	120	(0)
□	0	基础层	3	-3.03	1	500	(0)

图 2-15

(二)混凝土强度等级及保护层厚度修改

1. 修改首层信息

根据图纸提供的信息,单击选择对应信息栏,依次修改各构件混凝土强度等级及保护层厚度信息。在本工程中,根据"柱平面布置图""基础平面布置图"可知,柱、梁、板、基础混凝土强度等级均为 C25,柱保护层厚度为 30 mm,梁保护层厚度为 25 mm,板保护层厚度为 15 mm,基础保护层厚度为 40 mm,基础梁保护层厚度为 30 mm,对需要修改的部分进行修改,如图 2-16 所示。

楼层设置

单项工程列表	楼层列表(基础层和标准层不能设置为首层,设置首层后,楼层编码自动变化,正数为地上层,负数为地下层,基础层编码固定为 0)							
添加 删除	插入楼层 删除楼层 上移 下移							
业务楼	首层	编码	楼层名称	层高(m)	底标高(m)	相同层数	板厚(mm)	建筑面积(m2)	备注

首层	编码	楼层名称	层高(m)	底标高(m)	相同层数	板厚(mm)	建筑面积(m2)	备注
□	4	第4层	3	10.47	1	120	(0)	
□	3	第3层	3.3	7.17	1	120	(0)	
□	2	第2层	3.6	3.57	1	120	(0)	
☑	1	首层	3.6	-0.03	1	120	(0)	
□	0	基础层	3	-3.03	1	500	(0)	

楼层混凝土强度和锚固搭接设置(业务楼 首层,-0.05 ~ 3.55 m)

| | 抗震等级 | 混凝土强度等级 | 混凝土类型 | 砂浆标号 | 砂浆类型 | 锚固 | | | | 冷轧带肋 | 冷轧扭 | 保护层厚度(mm) |
						HPB235(A) ***	HRB335(B) ***	HRB400(C) ***	HRB500(E) ***			
垫层	(非抗震)	C10	碎石 GD20...	M5	水泥石灰...	(39)	(38/42)	(40/44)	(48/53)	(45)	(45)	(25)
基础	(三级抗震)	C40	碎石 GD20...	M5	水泥石灰...	(26)	(26/29)	(30/34)	(38/42)	(32)	(35)	(40)
基础梁/承台梁	(三级抗震)	C40	砾石 GD40...			(26)	(26/29)	(30/34)	(38/42)	(32)	(35)	(40)
柱	(三级抗震)	C20	砾石 GD40...	M5	水泥石灰...	(30)	(30/34)	(37/41)	(45/49)	(35)	(35)	(30)

图 2-16

2. 复制到其他楼层

步骤依次为:①单击左下角"复制到其他楼层";②选择其他所有楼层;③单击"确定"即可,如图 2-17 所示。

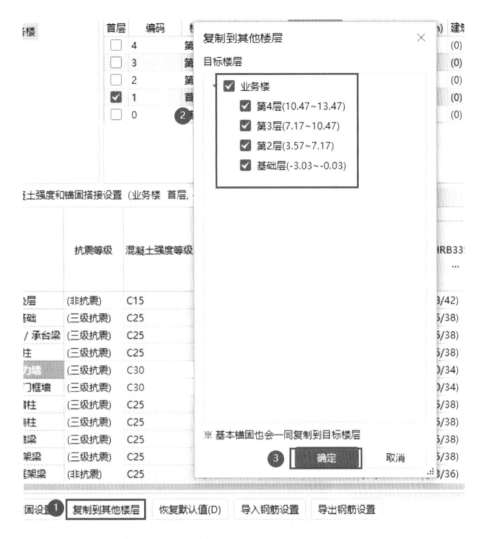

图 2-17

任务四　建立轴网

一、分析图纸

新建楼层完毕后,需要建立轴网。在使用软件建模时我们需要用轴网来定位构件的位置。在本工程中,根据"柱平面布置图"可知,该工程的轴网是简单的正交轴网,上下开间的轴距相同,左右进深的轴距也相同。

二、轴网的定义

轴网的定义步骤如下。
①双击导航栏中的"轴线",单击选择"轴网"。
②在导航栏右侧的构件列表中,找到并单击"新建"按钮。

新建轴网

③选择"新建正交轴网",新建"轴网-1",如图 2-18 所示。

图 2-18

④点击"下开间"。

⑤点击"插入",插入轴线。

⑥按照图纸从左到右的顺序,"轴距"依次输入 7000、4000、4000、4000、3000。也可在"常用值"下面的列表中选择要输入的轴距,双击鼠标即可添加相应轴距的轴线到轴网中。

⑦点击"左进深"按钮,进入输入界面,与"下开间"操作方法一致,按照图纸从下到上的顺序,依次输入左进深的轴距为 3300、3300。如需修改轴号,可双击需要修改的轴号进行修改。

⑧本例中上下开间及左右进深的轴距是一致的,因此不需要再对上开间和右进深的轴距进行设置。若上下开间的轴距不同,则点击"上开间"按钮,依次输入上开间轴距,当左右进深不同时点击"右进深"按钮,设置方法与"左进深"操作方法一致。

可以看到,页面右侧的轴网图显示区域已经显示了设定好的轴网,轴网定义完成,如图 2-19 所示。

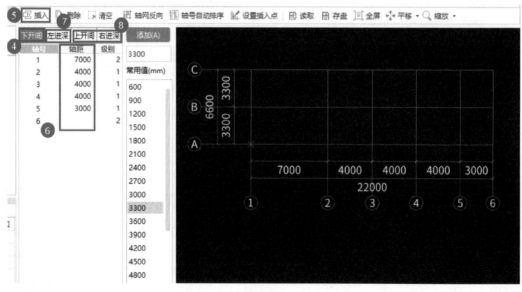

图 2-19

三、轴网的绘制

轴网的绘制步骤如下。

①轴网定义完毕后,点击悬浮框右上角"×"关闭悬浮框。

②弹出"请输入角度"对话框,提示用户输入定义轴网需要旋转的角度。本工程轴网为水平竖直方向的正交轴网,旋转角度按软件默认输入"0"即可,如图 2-20 所示。

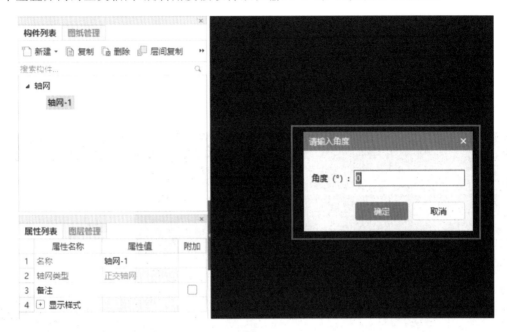

图 2-20

③单击"确定"按钮,绘图区显示轴网,如图 2-21 所示。

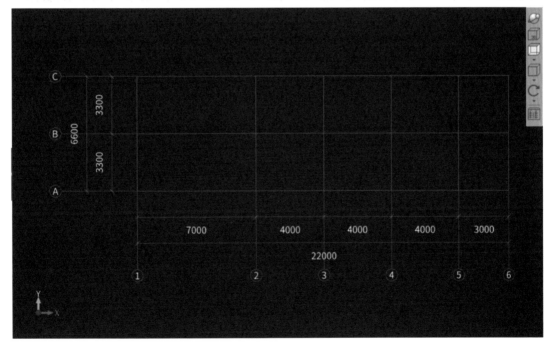

图 2-21

如果要将右进深、上开间的轴号和轴距显示出来,步骤依次为:

①在轴网二次编辑栏中用鼠标左键单击"修改轴号位置";

②按住鼠标左键拉框选择所有轴线,按右键确定;

③选择"两端标注";

④单击"确定"按钮即可,如图 2-22 所示。

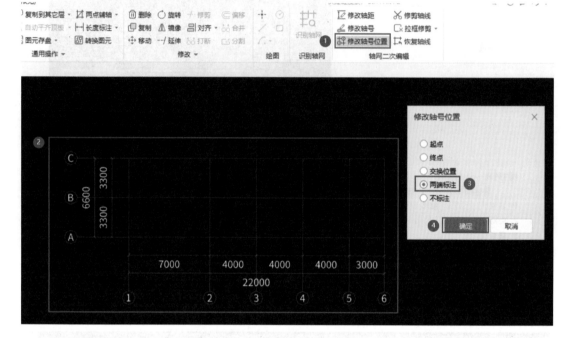

图 2-22

项目三 BIM 计量模型建立

在项目二的学习中,读者已充分了解 BIM 计量模型建立前需要做的准备工作,从本项目开始,将正式进行 BIM 计量模型的建立,主要包括独立基础、柱、梁、板等主体工程,以及零星构件的新建及绘制方法。

任务一 独立基础 BIM 计量模型建立

基础是指建筑物地面以下的承重结构,是房屋的重要组成部分。其作用是承受建筑物上部结构传下来的荷载,并把它们连同自重一起传给地基。基础按构造形式可分为条形基础、独立基础、满堂基础和桩基础,满堂基础又分为筏形基础和箱形基础。本任务结合业务楼案例工程的特点,以独立基础为例进行构件创建以及图元绘制方法的介绍。

一、新建独立基础构件

（一）分析图纸

在新建独立基础构件前,需要通过图纸查看独立基础相关信息。以 J-1 为例,根据"基础平面布置图"可以得到 J-1 的 b 边和 h 边均为 1400 mm,基础高度为 400 mm,垫层为 100 mm 厚的混凝土,向基础四周延伸 100 mm,X 和 Y 方向配筋均为 C12@180。

独立基础
BIM 计量
模型建立

（二）独立基础属性定义

独立基础属性定义(以 J-1 为例)的步骤如下。

①双击导航栏中的"基础",单击选择"独立基础"。

②在导航栏右侧的构件列表中,单击"新建"按钮,选择"新建独立基础",新建"DJ-1",如图 3-1 所示。

③在新建 DJ-1 后,再次点击"新建"按钮。

④选择"新建矩形独立基础单元"。

⑤在下方的属性列表填入相应信息,例如基础尺寸、基础高度、基础配筋等,如图 3-2 所示。

（三）垫层属性定义

垫层属性定义的步骤如下。

①双击导航栏中的"基础",选择"垫层"。

②在导航栏右侧的构件列表中,单击"新建"按钮,选择"新建面式垫层",新建"DC-1"。

③在下方的属性列表填入相应信息,例如垫层厚度等,如图 3-3 所示。

二、绘制独立基础图元

（一）独立基础

独立基础定义完毕后,切换到绘图界面。独立基础的绘制通常采用"点"绘制的方法,当图元不在轴线交点处时,可以采用"偏移"绘制的方法。

图 3-1

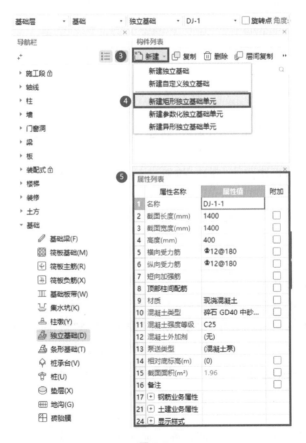

图 3-2

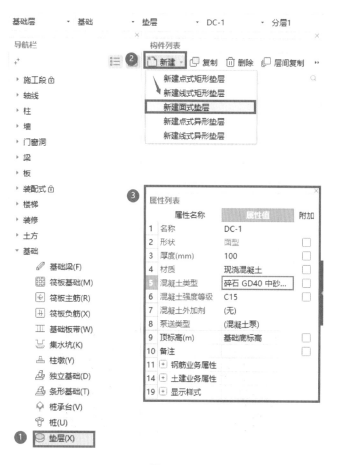

图 3-3

1. "点"绘制

步骤依次为:①在构件列表中单击选择需要布置的独立基础;②在绘图栏中选择"点"绘制方式;③单击选择需要布置基础的轴线交点,独立基础图元绘制完成,如图 3-4 所示。

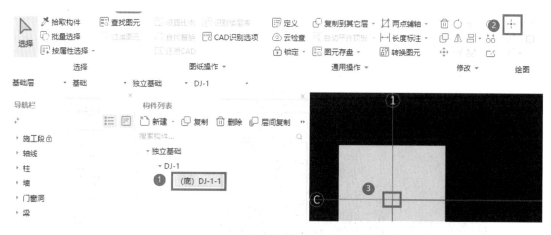

图 3-4

2. "偏移"绘制

当独立基础中心与轴线交点不重合时,可以使用"偏移"绘制。在本案例中,6 轴/A-B 轴的 DJ-1 不能直接用"点"绘制,需要使用"偏移"绘制。步骤依次为:①鼠标放在 6 轴和 A 轴的交点处,同时按下"Shift"键和鼠标左键,弹出"请输入偏移值"对话框;②由基础平面布置图可知,DJ-1 的中心相对于 6 轴与 A 轴交点向上偏移 1900 mm,相对于 6 轴向左偏移 100 mm,在对话框中输入 X="-100",Y="1900",表示竖直方向向上偏移 1900 mm,水平方向向左偏移 100 mm;③单击"确定"按钮,DJ-1 偏移完成,如图 3-5 所示。

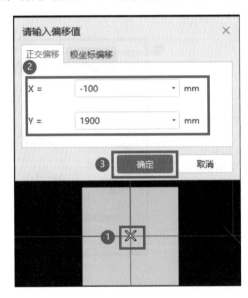

图 3-5

(二)垫层

垫层在独立基础下方,属于面式构件,绘制垫层步骤依次为:①在垫层二次编辑栏中选择"智能布置";②选择"独基"按钮,按独立基础布置,如图 3-6 所示;③选择需要布置垫层的

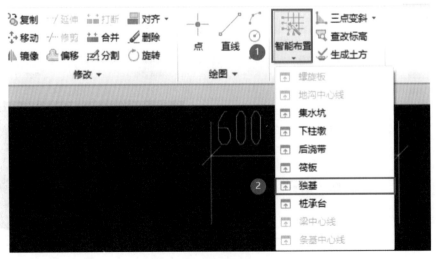

图 3-6

独立基础,点击右键确定;④在弹出的"设置出边距离"悬浮框中,输入图纸所示的出边距离,如 100 mm;⑤点击"确定"按钮,垫层布置完成,如图 3-7 所示。

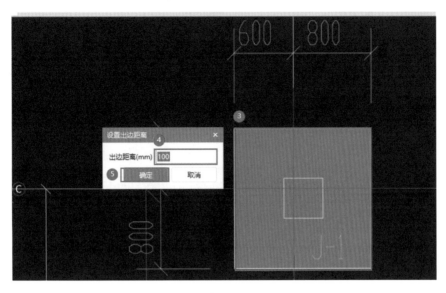

图 3-7

任务二　柱 BIM 计量模型建立

柱是建筑物中垂直的主结构件,承托在它上方物件的重量,它将自身的重量与各种外加的作用力一起传递给基础地基,起到承重与支承的作用。本任务结合业务楼案例工程的特点介绍柱构件的创建及绘制方法。

一、新建柱构件

(一)分析图纸

在新建柱构件前,需要通过查看图纸得到柱的截面信息。在本工程中以矩形框架柱为主,以 KZ1 为例,根据"柱平面布置图"可以得到如表 3-1 所示的信息。

柱 BIM 计量
模型建立

表 3-1　柱表

类　　型	名　　称	截面尺寸/mm	全部纵筋	箍　　筋
矩形框架柱	KZ1	400×400	8C16	C8@100/200

(二)柱属性定义

柱属性定义(以 KZ1 为例)步骤依次为:①双击导航栏中的"柱",单击选择"柱";②在导航栏右侧的构件列表中,单击"新建"按钮,选择"新建矩形柱",新建"KZ-1";③在下方的属性列表填入相应信息,例如名称、截面尺寸、配筋信息等,如图 3-8 所示。

二、绘制柱图元

柱定义完毕后,切换到绘图界面。绘制方法与独立基础类似,通常采用"点"绘制、智能

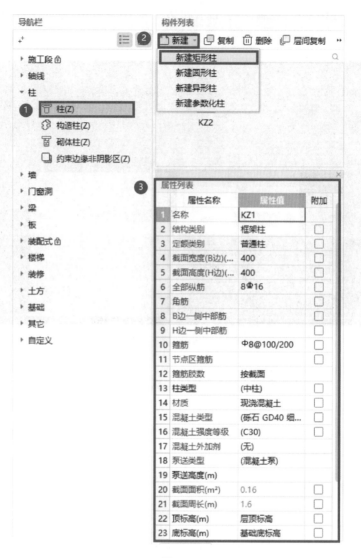

图 3-8

布置等方法,当图元不在轴线交点处时,可以采用"偏移"绘制的方法。

1. "点"绘制

步骤依次为:①在构件列表中单击选择需要布置的柱;②在绘图栏中选择"点"绘制方式;③单击选择需要布置柱的轴线交点,柱图元绘制完成,如图 3-9 所示。

2. "偏移"绘制

"偏移"绘制方法同上文介绍的独立基础"偏移"绘制方法。基本步骤如下:①把鼠标放在需要相对移动的轴线交点处,同时按下"Shift"键和鼠标左键,弹出"请输入偏移值"对话框;②在对话框中输入偏移量,以 1 轴与 C 轴相交处的 KZ1 为例,输入偏移量"X=100","Y=−100";③单击"确定"按钮,柱图元偏移完成,如图 3-10 所示。

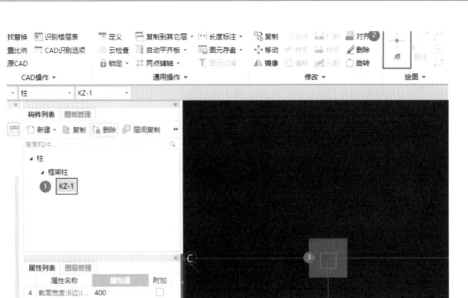

图 3-9

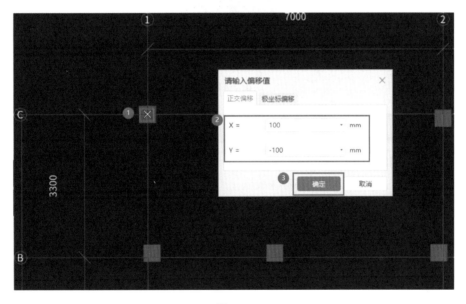

图 3-10

三、层间复制柱图元

在建模过程中,有些柱构件在每一层的钢筋信息都是相同的,为了提高建模效率,节省时间,当首层柱构件新建完毕后,可采用"层间复制"功能将柱构件复制到其他层。步骤依次为:①在通用操作中选择"复制到其它层"按钮;②选择需要复制的图元,点击鼠标右键确认;③选择目标楼层;④点击"确定"按钮,如图 3-11 所示;⑤根据需要选择"复制图元冲突处理方式";⑥点击"确定"按钮,层间复制图元完成,如图 3-12 所示。

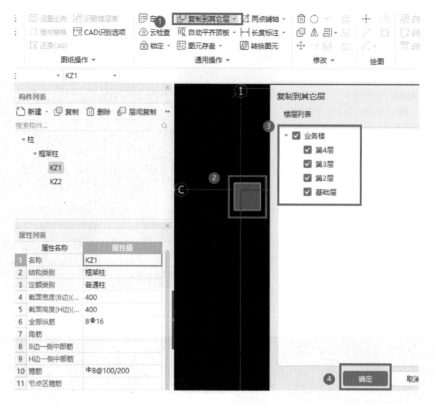

图 3-11

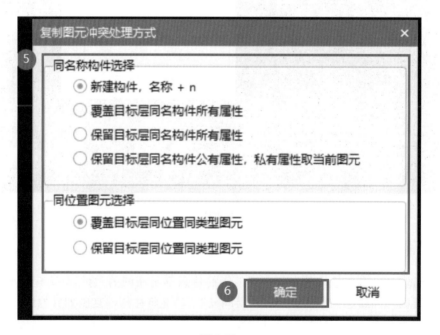

图 3-12

任务三　梁 BIM 计量模型建立

建筑结构中,梁承托着建筑物上部构架中的构件及屋面的全部重量,是建筑上部构架中最为重要的部分。本任务结合业务楼案例工程的特点,采用软件中的"梁"功能介绍梁构件的创建及梁图元的绘制方法。

一、新建梁构件

梁 BIM 计量
模型建立

（一）分析图纸

在新建梁构件前,需要通过查看图纸得到梁的相关信息。在本工程中以框架梁和非框架梁为主,以基础层 KL1(1)为例,根据"基础梁配筋图"可以得到如表 3-2 所示的信息。

表 3-2　梁表

类　　型	名　　称	截面尺寸/mm	上部贯通筋	下部贯通筋	箍　　筋	跨　　数
框架梁	KL1(1)	200×400	2C16	2C16	A8@100/200(2)	2

（二）梁属性定义

1. 框架梁

框架梁属性定义(以基础层 KL1(1)为例)步骤依次为:①双击导航栏中的"梁",单击选择"梁";②在导航栏右侧的构件列表中,单击"新建"按钮;③选择"新建矩形梁",新建"KL-1";④在下方的属性列表填入相应信息,例如名称、截面尺寸、配筋信息等,如图 3-13 所示。

2. 非框架梁

非框架梁的属性定义方法与上面的框架梁相同。对于非框架梁,可以选择在名称处输入对应代号,如"L1(1)",在"结构类别"处会自动变为"非框架梁",如图 3-14 所示;或在定义时,在属性的"结构类别"中选择相应的类别,如"非框架梁",其他属性与框架梁的输入方法一致,如图 3-15 所示。

二、绘制梁图元

梁定义完毕后,切换到绘图界面。梁为线状构件,直线型的梁采用"直线"绘制方法,对于不在轴线交点上的图元采用"偏移"绘制方法。

（一）梁图元绘制方法

1. "直线"绘制

以基础层 KL1(1)为例,步骤依次为:①在构件列表中单击选择需要布置的梁;②在绘图栏中选择"直线"绘制方式;③单击梁的起点;④单击梁的终点,单击鼠标右键确认,梁图元绘制完成,如图 3-16 所示,框架梁与非框架梁都可采用"直线"绘制方法。

2. "偏移"绘制

"偏移"绘制方法同上文独立基础"偏移"绘制方法。以一层顶梁的 L3(1)为例,基本步骤如下。

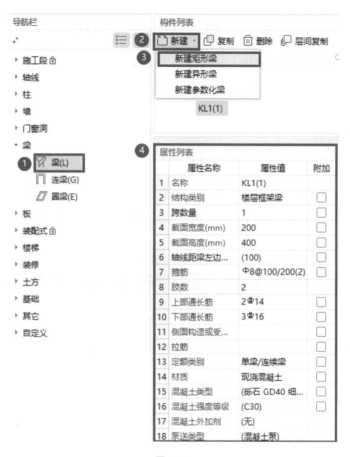

图 3-13

图 3-14

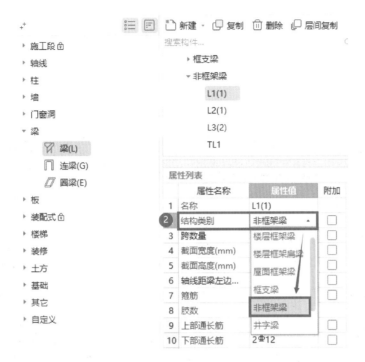

图 3-15

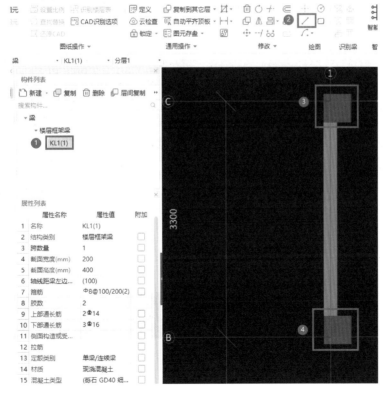

图 3-16

①把鼠标放在梁起点需要相对移动的轴线交点处，同时按下"Shift"键和鼠标左键，弹出"请输入偏移值"对话框；②在对话框中输入偏移量"X＝0"，"Y＝－1600"，单击"确定"按钮，梁起点即可确定，如图 3-17 所示；③再次把鼠标放在梁终点需要相对移动的轴线交点处，同时按下"Shift"键和鼠标左键，弹出"请输入偏移值"对话框；④在对话框中输入偏移量"X＝0"，"Y＝－1600"，单击"确定"按钮，梁终点即可确定，L3(1)梁图元绘制完成，如图 3-18 所示。

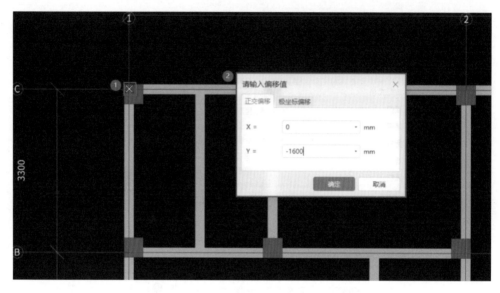

图 3-17

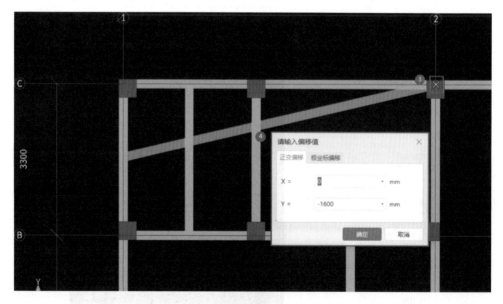

图 3-18

（二）梁图元原位标注设置

梁绘制完毕后，只是输入了梁集中标注的信息，还需输入原位标注的信息才算完成绘制。软件中使用粉色和绿色对是否进行原位标注的梁进行区别,图中梁显示为粉色时,表示未进行梁原位标注信息的输入,也不能正确地对梁钢筋进行计算。对于有原位标注的梁,可输入原位标注使梁的颜色变为绿色,以基础层 KZL1 为例,步骤如下。

（1）在"梁二次编辑"面板中选择"原位标注",如图 3-19 所示。

（2）选择要输入原位标注的 KZL1,绘图区显示原位标注的输入框,下方为平法表格,如图 3-20 所示。

图 3-19

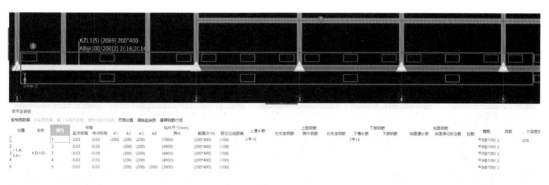

图 3-20

（3）输入对应钢筋信息,有如下两种方式。

第一种方式是在绘图区域显示的原位标注输入框中输入,比较直观,如图 3-21 所示。按照图纸标注中 KZL1 的原位标注信息输入;"1 跨左支座筋"输入"3C16",按"Enter"键确定,跳到"1 跨跨中筋",此处没有原位标注信息,不用输入,可以按"Enter"键跳到下一个输入框,或者用鼠标选择下一个需要输入的位置。

第二种方式是在"梁平法表格"中输入,可以选择在点击"原位标注"按钮后在下方弹出的平法表格直接输入,也可以选择只弹出梁平法表格工具栏,步骤如下。

①在"梁二次编辑"面板中点击"原位标注"旁的小三角;②选择"平法表格",绘图区域下方出现梁平法表格悬浮窗;③单击鼠标左键选择需要输入原位标注的梁,下方悬浮窗即出现该梁的平法表格,将相应信息填入表格即可,如图 3-22 所示。

三、梁吊筋、附加箍筋及侧面钢筋设置

（一）梁的吊筋和附加箍筋

在做实际工程时,吊筋和次梁加筋的布置方式一般都是在"结构设计总说明"或梁配筋

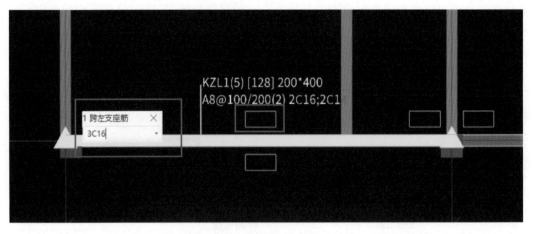

图 3-21

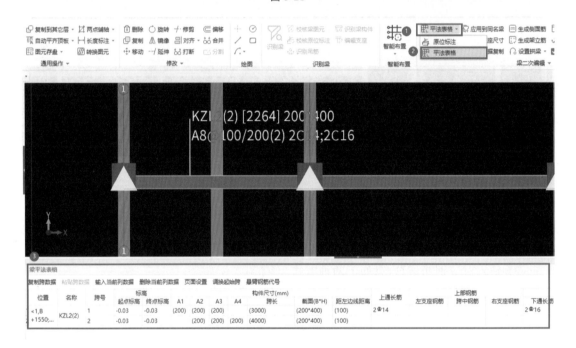

图 3-22

图说明部分中说明的,此时需要批量布置吊筋和次梁加筋。

在本案例工程中,根据"基础梁配筋图"可得知,"凡主次梁交接处无论是否设有吊筋,均在主梁上于次梁两侧各设 3 道附加箍筋,其直径同主梁箍筋直径,间距为 50;未注明的吊筋均为 2C12"。

梁吊筋和附加箍筋的生成步骤依次为:①在"梁二次编辑"面板中单击"生成吊筋",如图 3-23 所示;②在弹出的"生成吊筋"对话框中,根据图纸输入次梁加筋的钢筋信息,如有吊筋,也可在此输入生成;③选择生成方式,在本案例工程中,所有楼层的吊筋和次梁加筋信息相同,可以全楼生成,选择"选择楼层"按钮,勾选全部楼层;④设置完成后,单击"确定"按钮,梁的吊筋和次梁加筋生成完毕,如图 3-24 所示。

图 3-23

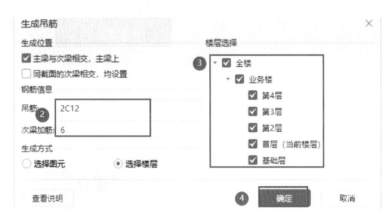

图 3-24

（二）梁侧面钢筋

如果图纸原位标注中标注了侧面钢筋的信息,或是结构设计总说明中标明了整个工程的侧面钢筋配筋,则除了在原位标注中输入外,还可选择使用"生成侧面钢筋"的功能来批量配置梁侧面钢筋,步骤依次为:①在"梁二次编辑"面板中选择"生成侧面筋",如图 3-25 所示;②在弹出的"生成侧面筋"对话框中,点选"梁高"或是"梁腹板高"定义侧面钢筋;③输入钢筋信息,可利用插入行添加侧面钢筋信息,高和宽的数值要求连续;④软件生成方式支持"选择图元"和"选择楼层","选择图元"在楼层中选择需要生成侧面钢筋的梁,单击鼠标右键确定,"选择楼层"则在右侧选择需要生成侧面筋的楼层,该楼层中所有的梁均生成侧面钢筋;⑤点击"确定"按钮,梁侧面钢筋生成完毕,如图 3-26 所示。

图 3-25

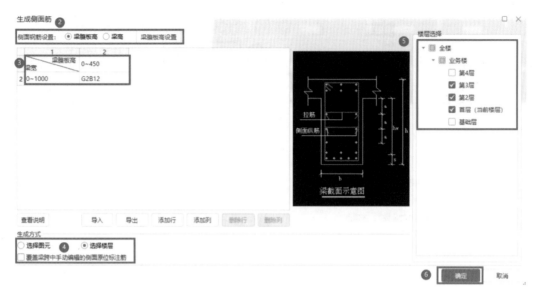

图 3-26

任务四　板 BIM 计量模型建立

在建筑结构中,板用于分割楼层,承受并传递楼面荷载。在广联达 BIM 土建计量平台 GTJ 中的"板"功能里提供了现浇板和螺旋板两种构件的建立方式。在本任务中,结合业务楼案例工程的特点,介绍现浇板构件的创建及图元的绘制方法。

一、现浇板新建及绘制

板 BIM 计量
模型建立

（一）分析图纸

在新建板构件前,通过查看图纸得到板的相关信息。在本工程中以首层板为例,根据"一层、二层顶板配筋图"得知在本层有两种不同板厚的现浇板,分别为 100 mm、120 mm,板顶标高均为层顶标高。

（二）板属性定义

现浇板属性定义步骤依次为:①双击导航栏中的"板",单击选择"现浇板";②在导航栏右侧的构件列表中,单击"新建"按钮;③选择"新建现浇板",新建"B-1";④在下方的属性列表填入相应信息,例如名称、厚度等,如图 3-27 所示。

（三）绘制板图元

现浇板可以采用"点"绘制、"直线"绘制和"矩形"绘制。但需要注意的是,"点"绘制需要在梁封闭的情况下才能完成,同时也简单方便;"矩形"绘制需要绘制区域为矩形才可以使用;而"直线"绘制方法适合所有情况,可以根据实际图纸情况自行选择绘制方法。

1."点"绘制

步骤依次为:①在构件列表中单击选择需要布置的板;②在绘图栏中选择"点"绘制方式;③在需要布置该板的范围内单击布置板,单击鼠标右键确认,板图元绘制完成,如图 3-28 所示。

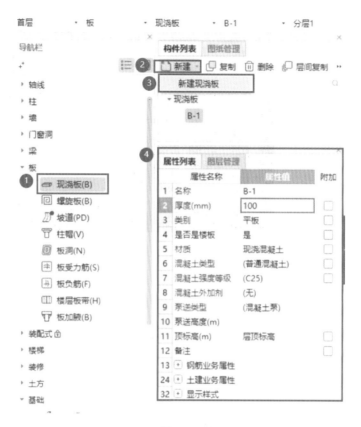

图 3-27

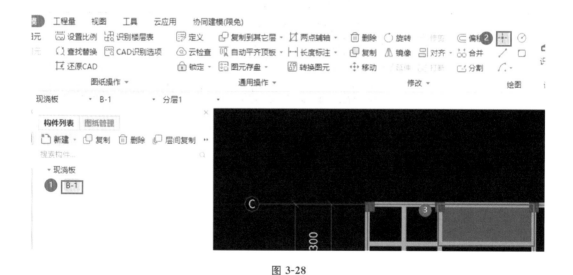

图 3-28

2."直线"绘制

步骤依次为:①在构件列表中单击选择需要布置的板;②在绘图栏中选择"直线"绘制方式;③左键单击 B-1 边界区域的交点,依次围成一个封闭区域,即可布置 B-1,如图 3-29 所示。

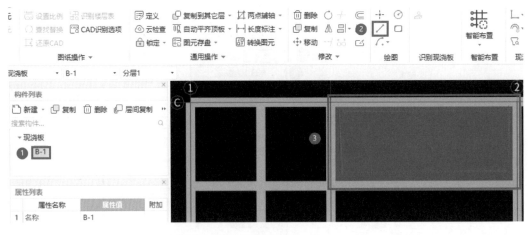

图 3-29

3. "矩形"绘制

步骤依次为：①在构件列表中单击选择需要布置的板；②在绘图栏中选择"矩形"绘制方式；③鼠标左键依次单击 B-1 边界区域的两个对角点，即可布置 B-1，如图 3-30 所示。

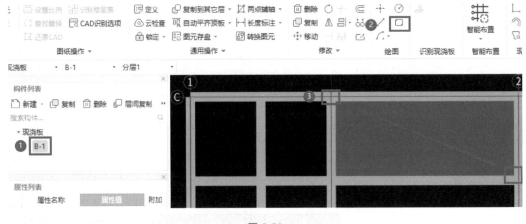

图 3-30

二、现浇板受力筋新建及绘制

（一）分析图纸

本工程中以首层板为例，根据"一层、二层顶板配筋图"可以得到，本层 100 mm 板厚的现浇板底筋为双向 A8@200，120 mm 板厚的现浇板底筋为双向 A8@180。

（二）现浇板受力筋

1. 现浇板受力筋属性定义

现浇受力筋板属性定义步骤依次为：①双击导航栏中的"板"，单击选择"板受力筋"；②在导航栏右侧的构件列表中，单击"新建"按钮，选择"新建板受力筋"，新建"SLJ-1"；③在下方的属性列表填入相应信息，例如名称、钢筋信息等，如图 3-31 所示。

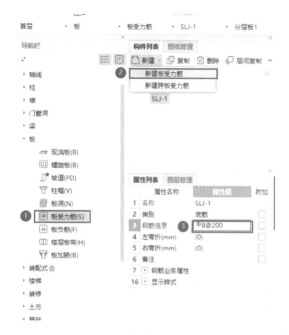

图 3-31

2. 现浇板受力筋绘制

步骤依次为：①在构件列表中单击选择需要布置的受力筋；②在"板受力筋二次编辑"中单击"布置受力筋"，如图 3-32 所示。

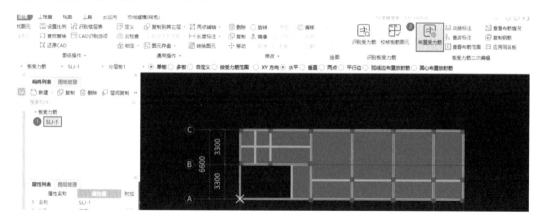

图 3-32

板的受力筋布置，根据布置范围划分，有"单板""多板""自定义"和"按受力范围"布置；根据钢筋方向有"XY 方向""水平""垂直"布置；还有"两点""平行边""弧线边布置放射筋"和"圆心布置放射筋"。本书以 C～1/A 轴与 2-3 轴的 B-2 受力筋布置为例。步骤依次为：①选择布置范围为"单板"，布置方向为"XY 方向"，选择板 B-2，弹出"智能布置"悬浮框；②由于 B-2 的板受力筋只有底筋，且两个方向上的钢筋信息相同，故选择双向布置，在"钢筋信息"中选择相应的受力筋名称；③单击需要布筋的板 B-2，完成单板受力筋的布置，如图 3-33 所示。

图 3-33

三、现浇板负筋新建及绘制

负筋，也叫负弯矩钢筋，在钢筋混凝土结构设计中用来抵抗负弯矩。以 2-3 轴或 C 轴的负筋为例，其钢筋信息为 A8@200，只有一侧有标注，长度为 1170 mm。

（一）现浇板负筋属性定义

现浇板负筋属性定义步骤依次为：①双击导航栏中的"板"，单击选择"板负筋"；②在导航栏右侧的构件列表中，单击"新建"按钮，选择"新建板负筋"；③在下方的属性列表填入相应信息，例如名称、钢筋信息、左右标注等，如图 3-34 所示。

（二）现浇板负筋绘制

板负筋的绘制主要有三种方法：画线布置、按梁布置、按板边布置。下面将详细介绍这三种方法的操作步骤。

1. 画线布置

步骤依次为：①在"板负筋二次编辑"中单击"布置负筋"；②选择"画线布置"；③根据图纸所示的布筋范围，依次点击布筋范围的起点和终点，单击鼠标左键确认，板负筋绘制完成，如图 3-35 所示。

2. 按梁布置

步骤依次为：①在"板负筋二次编辑"中单击"布置负筋"；②选择"按梁布置"；③将光标移动到绘图区域需要布置负筋的梁上，则梁图元显示一道蓝线，同时显示出负筋的预览图，单击鼠标左键确认即可完成布置，如图 3-36 所示。

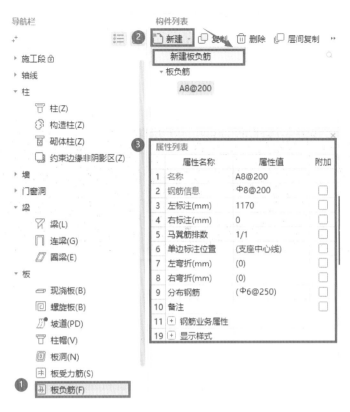

图 3-34

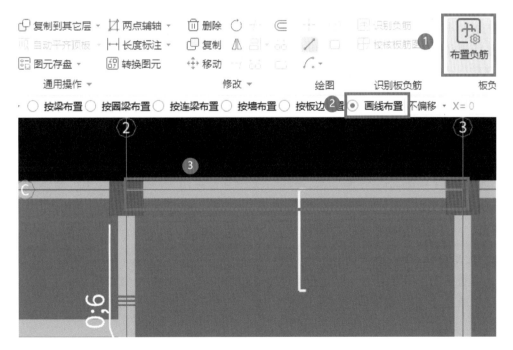

图 3-35

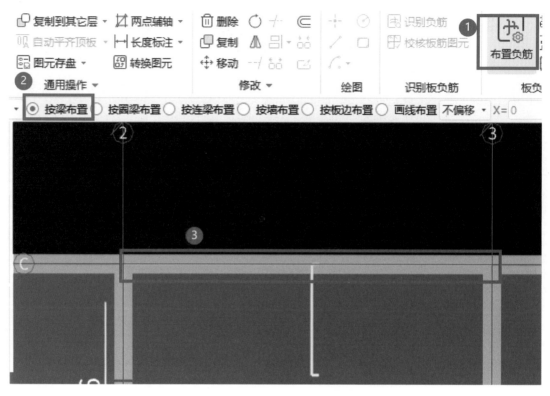

图 3-36

3. 按板边布置

按板边布置操作步骤与按梁布置相同,但需要注意的是此时的参照物是板边缘线而不是梁。步骤依次为:①在"板负筋二次编辑"中单击"布置负筋";②选择"按板边布置";③将光标移动到绘图区域需要布置负筋的板边上,则板边显示一道蓝线,同时显示出负筋的预览图,单击鼠标左键确认即可完成布置,如图 3-37 所示。

四、现浇板温度筋新建及绘制

(一)分析图纸

在本案例工程中,以三层板为例,根据"三层顶板配筋图"可知,屋面板无负筋处,布置双向 A6@250 温度筋。

(二)现浇板温度筋

1. 现浇板温度筋属性定义

现浇板温度筋属性定义与板底筋属性定义步骤相同,但在新建完成后需要在属性列表里将类别改为温度筋,如图 3-38 所示。

2. 现浇板温度筋绘制

现浇板温度筋绘制步骤同现浇板受力筋绘制步骤,但不同的是在"智能布置"悬浮框中,应在"温度筋"一栏选择相应的温度筋名称,如图 3-39 所示。

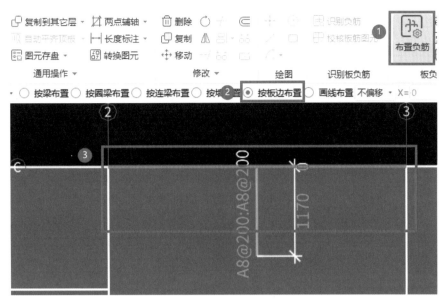

图 3-37

图 3-38

图 3-39

任务五　砌体墙 BIM 计量模型建立

墙体作为建筑设计中的重要组成部分,根据材质、功能可分为隔墙、复合墙、叠层墙等,因此在绘制时,需要综合考虑项目墙体属性,例如高度、厚度、构造做法等。本任务将介绍新建砌体墙的方法,从整体出发,完成业务楼项目的所有墙体模型。

一、新建砌体墙构件

砌体墙 BIM
计量模型建立

在使用广联达 BIM 土建计量平台 GTJ 软件的建模过程中,新建砌体墙需要注意区分内外墙标志:内墙和外墙要区分定义,除了对自身工程量有影响外,还影响其他构件的智能布置。

（一）分析图纸

分析业务楼结施-01 和建施-01 可以得到首层砌体墙的基本信息,如表 3-3 所示。

表 3-3　砌体墙

序　号	类　型	砌筑砂浆	材　质	墙厚/mm	标　高	备　注
1	外墙	M7.5 混合砂浆	烧结页岩多孔砖	200	$-0.03\sim+3.6$	梁下墙
2	内墙	M7.5 混合砂浆	烧结页岩多孔砖	200	$0.00\sim+3.6$	梁下墙
3	内墙	M7.5 混合砂浆	烧结页岩多孔砖	100	$0.00\sim+3.6$	梁下墙

（二）新建首层砌体墙构件

操作步骤依次为:①在导航栏中选择墙中的砌体墙;②单击"新建",新建砌体墙(内墙、外墙、虚墙等);③在属性列表输入相应信息(名称、厚度等),如图 3-40 所示。

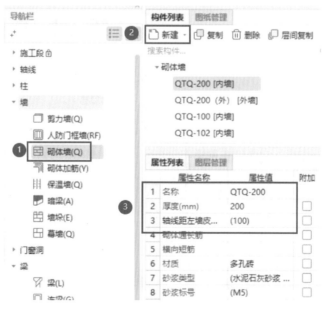

图 3-40

二、绘制砌体墙图元

（一）直线绘制

在"建模"任务栏界面，单击"直线"命令。系统默认的画法是先单击选取墙的第一点，再单击选取第二点就能画出一道墙，若继续单击选取第三点，就可以画出第二点和第三点之间的墙。当要从连续画的中间一点直接跳到一个不连续的位置时，先要单击鼠标右键临时中断，再到新的轴线交点上继续点取第一点开始连续画图，如图 3-41 所示。

图 3-41

（二）点加长度

在 A-C/1 轴的墙体，向上延伸了 6600 mm（中心线距离），墙体总长度为 6600 mm，具体步骤为：①单击"直线"；②选择"点加长度"，在绘图区域单击起点即 1 轴与 A 轴相交点，再向上找到 1 轴与 C 轴相交点，即可实现该段墙体延伸部分的绘制。使用"对齐"命令，将墙体与柱对齐即可，如图 3-42 所示。

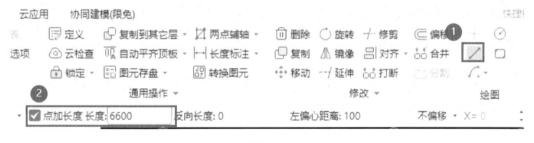

图 3-42

（三）偏移绘制

在直线绘制墙体状态下，按住"Shift"键的同时单击 1 轴与 A 轴的相交点，弹出"请输入偏移值"窗口框，输入"Y=6600"，单击"确定"按钮，然后向着 C 轴的方向绘制墙体，如图3-43所示。

三、复制墙体

当上下两层墙体结构相同或相似时可以通过复制整层构件提高模型创建效率。在本次项目中，三层墙体结构与二层墙体结构相似，可通过复制二层墙体完成三层墙体绘制。操作步骤如下：①按住鼠标左键，拉框选择二层所有砌体墙，选完后的墙变成蓝色，单击鼠标右键

图 3-43

确认，如图 3-44 所示；②点击任务栏中的"复制到其它层"，如图 3-45 所示；③选择要复制到的楼层，再点击"确定"即可将该层构件复制到其他层，如图 3-46 所示。

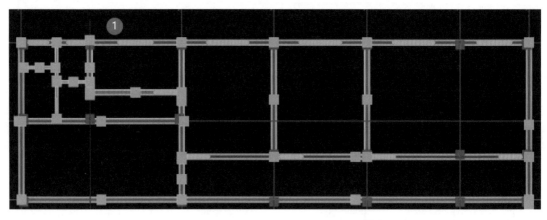

图 3-44

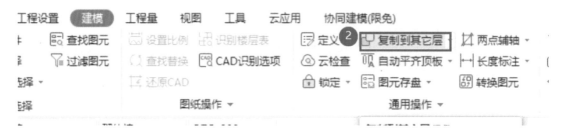

图 3-45

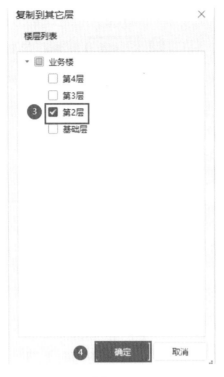

图 3-46

任务六　门、窗及过梁 BIM 计量模型建立

上一任务介绍了砌体墙模型的建立。本任务将介绍门、窗和过梁的创建和生成方法。在建立门、窗、过梁模型前,应先根据业务楼建施图和结施图查阅门、窗及过梁构件的尺寸、定位、属性等信息,保证模型布置的正确性。

门、窗及过梁 BIM 计量模型建立

一、门构件新建

以 M1021 为例,操作步骤依次为:①在导航栏中单击"门窗洞"中的"门";②在构件列表下选择"新建"中的"新建矩形门";③在属性编辑框中输入相应的属性值,如图 3-47 所示。

(1)洞口宽度、洞口高度:从门窗表数据中直接得到。

(2)框厚:门实际的框厚尺寸,对墙面块料面积的计算有影响,本工程输入"60"。

(3)立樘距离:门框中心线与墙中心间的距离,默认为"0"。如果门框中心线在墙中心线左边,该值为负,否则为正。

(4)框左右扣尺寸、框上下扣尺寸:如果计算规则要求门窗按框外围面积计算,输入框扣尺寸。

二、窗构件新建

操作步骤依次为:①在导航栏中单击"门窗洞"中的"窗";②在构件列表下选择"新建"中

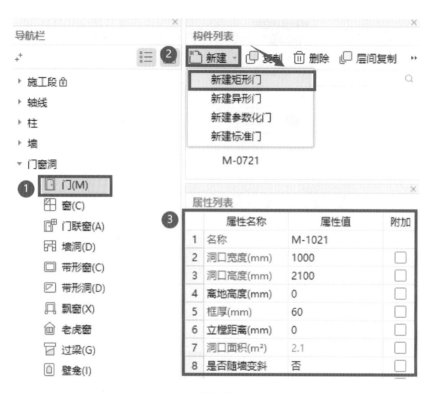

图 3-47

的"新建矩形窗";③在属性编辑框中输入相应的属性值,如图 3-48 所示。

图 3-48

注意:例如"矩形窗 C1818"的离地高度为 900 mm(详见立面图),如图 3-49 所示。

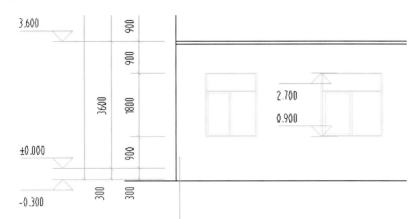

图 3-49

三、门窗洞口构件的绘制

门窗洞口构件属于墙的附属构件,也就是说,门窗洞口构件必须绘制在墙上。门窗最常用的是"点"绘制。对于工程量计算来说,计算墙面积时会扣减门窗洞口面积,只要门窗绘制在墙上即可,一般对位置要求不用很精确,因此直接采用"点"绘制即可。

门窗的绘制还常使用"精确布置"的方法。当门窗紧邻柱等构件布置时,考虑其上过梁与旁边的柱、墙扣减关系,需要对这些门窗精确定位,如平面图中的 M1 都是贴着柱边布置的。

(1) 智能布置:在"建模"工具栏界面单击"智能布置"中的"墙段中点",如图 3-50 所示。

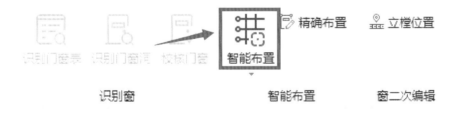

图 3-50

(2) 精确布置:在工具栏界面中单击"精确布置";鼠标左键选择参考点并在输入框中输入偏移值,如图 3-51 所示。

(3) 点绘制:在构件列表中选择要绘制的构件,单击"点"绘制,将该图元布置到相应位置上即可,如图 3-52 所示。

(4) 复制粘贴:选择需要复制的图元,然后单击"复制"功能,根据复制要求选择参照点,

图 3-51

图 3-52

最后点击适当的插入点后完成复制,如图 3-53 所示。

图 3-53

(5)镜像:选择需要镜像的图元,单击"镜像"功能,绘制镜像轴会出现"是否要删除原图元",可根据实际情况选择是或否,如图 3-54 所示。

图 3-54

四、生成过梁

(一)过梁信息

根据结施-01 可知过梁及尺寸配筋表,如图 3-55 所示。

门洞宽	h	①号钢筋	②号钢筋	截面
≤1200	200	2Φ8	2Φ10	
1300~2000	250	2Φ10	2Φ14	
2000~4000	300	2Φ10	2Φ16	

过梁宽度同墙宽度,其支座度长≥250

图 3-55

（二）新建过梁构件

操作步骤依次为：①在导航栏中选择"门窗洞"中的"过梁"；②单击"新建"，选择"过梁"；③在属性列表输入相应信息，如图 3-56 所示。

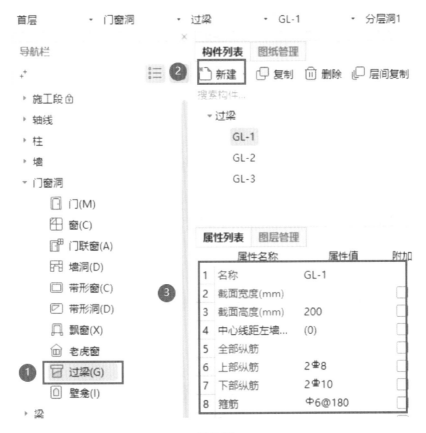

图 3-56

（三）过梁绘制

1. 智能布置

根据门窗洞口宽度布置,在建模工具栏中选择"智能布置"中的布置方式,再单击"确定"

按钮即可完成过梁布置,其余过梁布置操作均与此相同,如图 3-57、图 3-58 所示。

图 3-57

图 3-58

2. "点"绘制

在构件列表中选择要绘制的构件,单击"点"绘制,鼠标移动该图元到相应位置后点击鼠标左键即可,如图 3-59 所示。

图 3-59

任务七　圈梁及构造柱 BIM 计量模型建立

在建筑结构中,为防止地基的不均匀沉降或较大振动荷载等对房屋的不利影响,一般应在墙体中设置钢筋混凝土圈梁或钢筋砖圈梁,以增加房屋的整体刚度和稳定性。而设置构造柱也可以增强建筑物的整体性和稳定性。在多层砖混结构建筑的墙体中设置钢筋混凝土构造柱,并与各层圈梁相连接,能够形成抗弯、抗剪的空间框架。在本任务中,结合业务楼案例工程的特点,详细讲解圈梁及构造柱的创建及图元的绘制方法。

一、圈梁新建及绘制

(一)分析图纸

在新建圈梁构件前,通过查看图纸得到圈梁的相关信息。通过本工程结施 1 可以得知,以下两种情况应设置圈梁:①砌体墙净高大于 4 m;②建筑外围为砌体墙。圈梁相关信息为:与砌体墙同宽,高 250 mm,纵筋上下各 2C12,箍筋配筋 A6@200。

(二)圈梁属性定义

圈梁属性定义步骤依次为:①单击导航栏中的"梁",单击选择"圈梁";②在导航栏右侧的构件列表中,单击"新建"按钮,选择"新建矩形圈梁";③在下方的属性列表填入相应信息,例如名称、截面宽度、截面高度等,如图 3-60 所示。

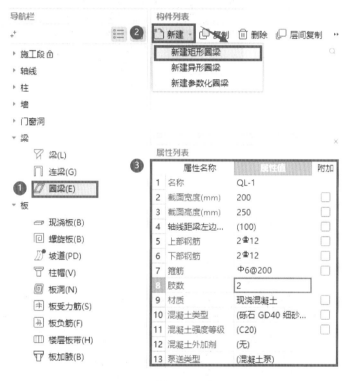

图 3-60

(三)圈梁绘制

圈梁可以采用"直线"绘制、"智能布置"绘制和"生成圈梁"绘制,可以根据实际图纸情况自行选择绘制方法。

1."直线"绘制圈梁

步骤依次为:①构件列表中单击选择需要布置的圈梁;②单击"直线"绘制;③单击需要绘制的砌体墙起点,再次单击砌体墙的终点,单击鼠标右键确认,圈梁图元绘制完成,如图 3-61所示。

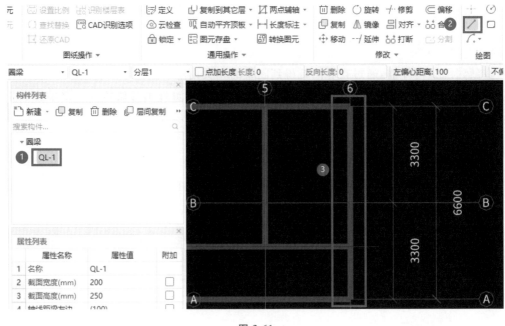

图 3-61

2. "智能布置"绘制圈梁

步骤依次为：①构件列表中单击选择需要布置的圈梁；②单击"智能布置"绘制，选择"墙中心线"；③选择要绘制圈梁的墙体，单击鼠标右键确认即可绘制完成，如图 3-62 所示。

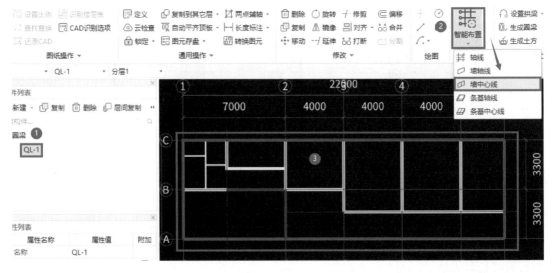

图 3-62

3. "生成圈梁"绘制圈梁

步骤依次为：①构件列表中单击选择需要布置的圈梁；②单击"生成圈梁"；③选择绘制方式后，弹出"生成圈梁"对话框，在对话框输入相应信息，如生成位置、圈梁属性、生成方式等；④单击鼠标右键确认，如图 3-63 所示；⑤圈梁图元绘制完成，如图 3-64 所示。

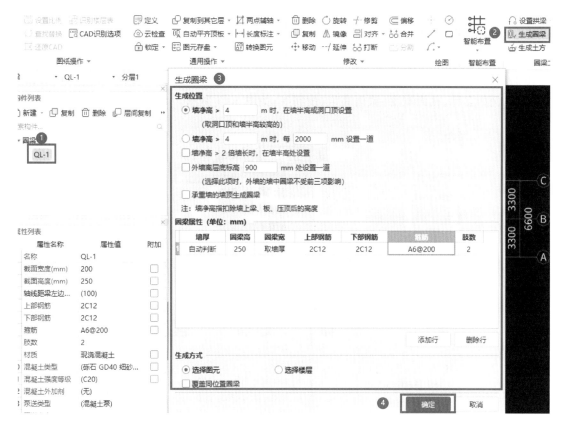

图 3-63

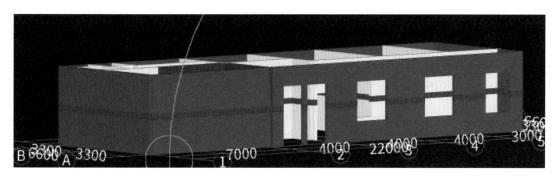

图 3-64

二、构造柱新建及绘制

（一）分析图纸

　　在新建构造柱构件前，通过查看图纸得到构造柱的相关信息。通过本工程结施 1 可以得知，以下三种情况应设置构造柱：①墙长超过 8 m 或层高的 2 倍时在砌体墙中部设置；②砌体墙不能与主体可靠拉结时在砌体墙端部设置；③不同方向砌体墙相交时，在交点设置。

构造柱 BIM
计量模型建立

构造柱相关信息为：截面尺寸 $200 \times b_w$（b_w 为砌体墙厚），纵筋 4C12，箍筋配筋 A6@200。

（二）构造柱属性定义

构造柱属性定义步骤依次为：①单击导航栏中的"柱"，单击选择"构造柱"；②在导航栏右侧的构件列表中，单击"新建"按钮，选择"新建矩形构造柱"；③在下方的属性列表填入相应信息，例如名称、截面宽度、截面高度、配筋等，如图 3-65 所示。

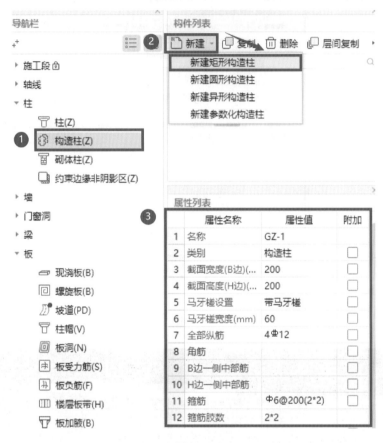

图 3-65

（三）构造柱绘制

构造柱可以采用"点"绘制、"生成构造柱"绘制，可以根据实际图纸情况自行选择绘制方法，在此只做操作示范。

1. "点"绘制构造柱

步骤依次为：①构件列表中单击选择需要布置的构造柱；②单击"点"绘制；③在需要绘制的墙体处点击即可，如图 3-66 所示。

2. "生成构造柱"绘制构造柱

步骤依次为：①在构件列表中单击选择需要布置的构造柱；②单击"生成构造柱"；③选择绘制方式后，弹出"生成构造柱"对话框，在对话框输入相应信息，如布置位置、构造柱属性、生成方式等，单击鼠标右键确认，如图 3-67、图 3-68 所示。

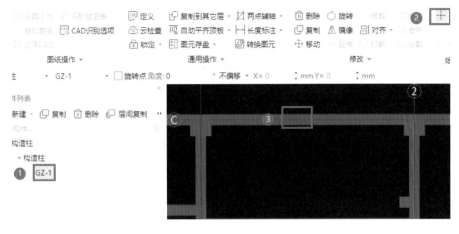

图 3-66

图 3-67

图 3-68

任务八 装修工程 BIM 计量模型建立

建筑装饰装修工程房间包含有楼地面、天棚、墙面、踢脚、吊顶等构件。广联达 BIM 土建计量平台 GTJ 建模中,建立装修三维 BIM 模型,可快速统计材料工程量、快速统计工程量、快速计算装修成本,方便建设单位进行精装方案经济比选和控制。

装修工程
BIM 计量
模型建立

一、新建装修构件

(一)分析图纸

分析业务楼建施-01 的室内装修做法表,如表 3-4 所示。例如一层有 6 种装修的房间,包括办公室、会客室、卫生间、走廊、保安室、楼梯间,装饰装修的做法有:地面 1、地面 2、踢脚 1、墙裙(1500)、内墙面 1、内墙面 2、天棚 1、吊顶 1(3200)。

表 3-4 室内装修做法表

房间名称		楼面/地面	踢脚/墙裙	内墙面	顶棚	备注
一层	办公室	地面 1	踢脚 1	内墙面 1	吊顶 1(3200)	
	会客室	地面 1	踢脚 1	内墙面 1	吊顶 1(3200)	
	卫生间	地面 2	墙裙(1500)	内墙面 2	天棚 1	
	走廊	地面 1	踢脚 2	内墙面 1	吊顶 1(3200)	
	保安室	地面 1	踢脚 1	内墙面 1	吊顶 1(3200)	
	楼梯间	地面 1	踢脚 1	内墙面 1	天棚 1	
二层	办公室	楼面 1	踢脚 1	内墙面 1	吊顶 1(3200)	
	会议室	楼面 1	踢脚 1	内墙面 1	吊顶 1(3200)	
	楼梯间	楼面 1	踢脚 1	内墙面 1	天棚 1	
	杂物间	楼面 1	踢脚 1	内墙面 1	天棚 1	
	卫生间	楼面 2	墙裙(1500)	内墙面 2	吊顶 1(3200)	
	走廊	楼面 1	踢脚 2	内墙面 1	吊顶 1(3200)	
三层	办公室	楼面 1	踢脚 1	内墙面 1	吊顶 1(3200)	
	会议室	楼面 1	踢脚 1	内墙面 1	吊顶 1(3200)	
	楼梯间	楼面 1	踢脚 1	内墙面 1	天棚 1	
	杂物间	楼面 1	踢脚 1	内墙面 1	天棚 1	
	卫生间	楼面 2	墙裙(1500)	内墙面 2	吊顶 1(3200)	
	走廊	楼面 1	踢脚 2	内墙面 1	吊顶 1(3200)	

(二)新建构件

1. 新建地面(楼面)构件

操作步骤依次为:①单击导航栏"装修"中的"楼地面";②在构件列表中点击"新建"中的"新建楼地面";③在属性编辑框内输入相应的属性值,如房间需要计算防水,需在"是否计算防水"中选择"是",如图 3-69 所示。

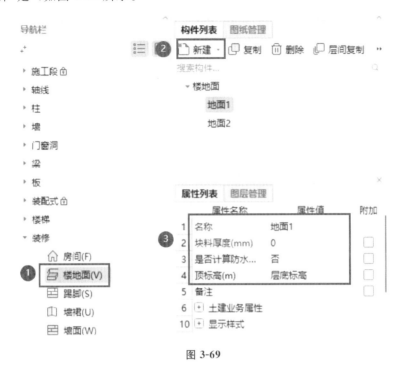

图 3-69

2. 新建踢脚构件

操作步骤依次为:①单击导航栏"装修"中的"踢脚";②在构件列表中点击"新建"中的"新建踢脚";③在属性编辑框内输入相应的属性值,如图 3-70 所示。

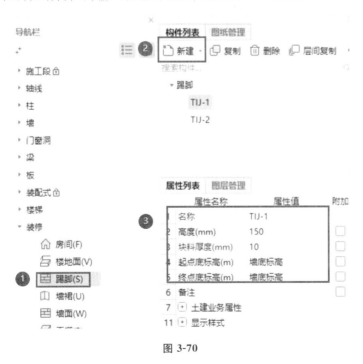

图 3-70

3. 新建内(外)墙裙构件

操作步骤依次为：①单击导航栏"装修"中的"墙裙"；②在构件列表中点击"新建"中的"新建内(外)墙裙"；③在属性编辑框内输入相应的属性值，如图 3-71 所示。

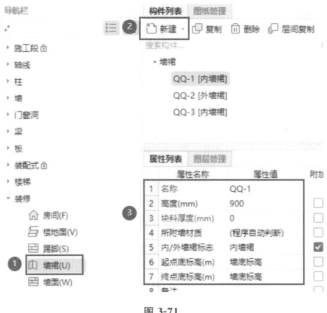

图 3-71

4. 新建内(外)墙面构件

操作步骤依次为：①单击导航栏"装修"中的"墙面"；②在构件列表中点击"新建"中的"新建内(外)墙面"；③在属性编辑框内输入相应的属性值，如图 3-72 所示。

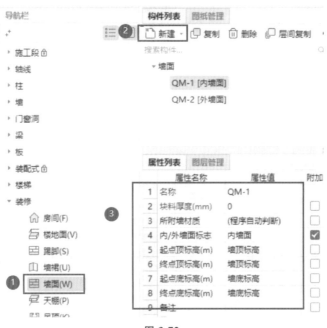

图 3-72

5.新建天棚构件

操作步骤依次为:①单击导航栏"装修"中的"天棚";②在构件列表中点击"新建"中的"新建天棚";③在属性编辑框内输入相应的属性值,如图 3-73 所示。

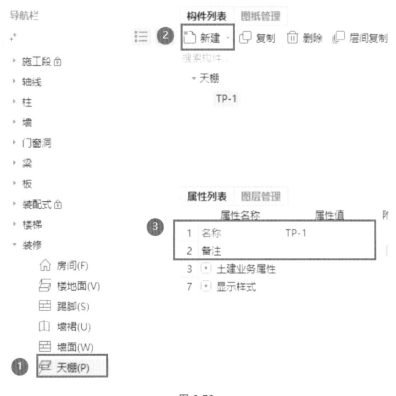

图 3-73

6.新建吊顶构件

操作步骤依次为:①单击导航栏"装修"中的"吊顶";②在构件列表中点击"新建"中的"新建吊顶";③在属性编辑框内输入相应的属性值,如图 3-74 所示。

二、新建房间构件

(一)新建房间构件

操作步骤依次为:①单击导航栏"装修"中的"房间";②在构件列表中点击"新建"中的"新建房间";③在属性编辑框内输入相应的属性值,如图 3-75 所示。

(二)添加房间依附构件

操作步骤依次为:①选中构件列表其中一个房间,单击"定义",如图 3-76 所示;②在定义窗口中点击"添加依附构件",分别添加每个房间内的装修构件(楼地面、踢脚等),如图 3-77所示。

三、"点"绘制房间图元

按照建施-02 中房间的名称,选择建立好的房间,单击需要布置装修的房间,房间中的装

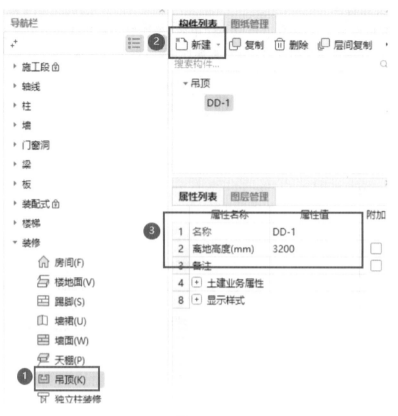

图 3-74

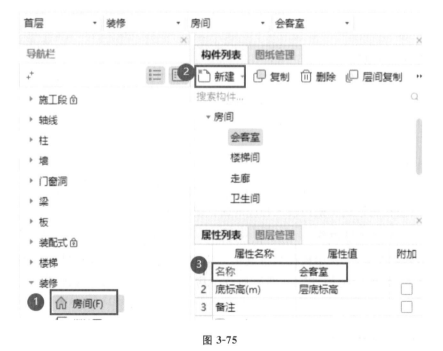

图 3-75

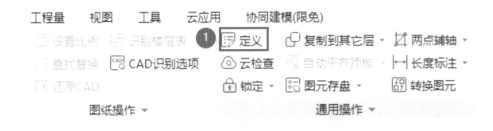

图 3-76

图 3-77

修即自动布置上去。绘制好的房间,可查看三维效果。为保证走廊、楼梯间的"点"功能绘制,可在 2 轴和 B 轴上补画两道虚墙,用来分隔走廊、楼梯间和卫生间,虚墙是虚拟的构件,它本身不计算任何工程量,但它具备普通墙的功能,起分隔和围护房间的作用,可以借用它来计算其他的工程量,如图 3-78 所示。

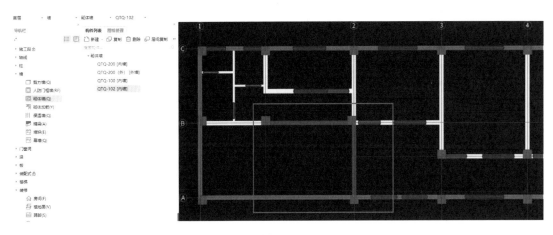

图 3-78

任务九　零星及其他工程 BIM 计量模型建立

零星工程即一项单项的,该项工作内容在同一分项工程中没有重复出现的,工程量较小的,造价相对不高的工程。本任务主要详细介绍楼梯、散水和台阶三种零星工程的绘制方法。

零星及其他
工程 BIM 计
量模型建立

一、楼梯新建及绘制

（一）楼梯模型建立

1. 分析图纸

分析建施-13、结施-13 及各层平面图可知,本工程有一部楼梯,即位于 A～C 轴与 1～2 轴间的楼梯,为直行双跑楼梯,从一层开始到第三层。

2. 新建楼梯构件

（1）新建楼梯梯段。操作步骤依次为:①在导航栏中选择"楼梯"中的"直形梯段";②单击"新建"中的"新建直形梯段";③在属性列表输入相应信息,如图 3-79 所示。

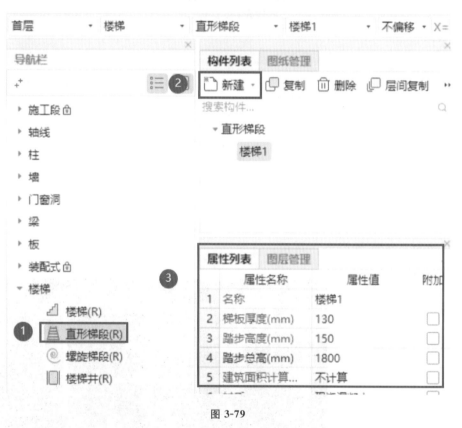

图 3-79

（2）新建楼梯中间休息平台。操作步骤依次为:①在导航栏中选择"板"中的"现浇板";②单击"新建"中的"新建板";③在属性列表输入相应信息,如图 3-80 所示。

（3）新建楼梯栏杆扶手。操作步骤依次为:①在导航栏中选择"其它"中的"栏杆扶手";②单击"新建"中的"新建栏杆";③在属性列表输入相应信息,如图 3-81 所示。

（4）新建梯梁。操作步骤依次为:①在导航栏中选择"梁";②单击"新建"中的"新建矩形梁";③在属性列表输入相应信息,如图 3-82 所示。

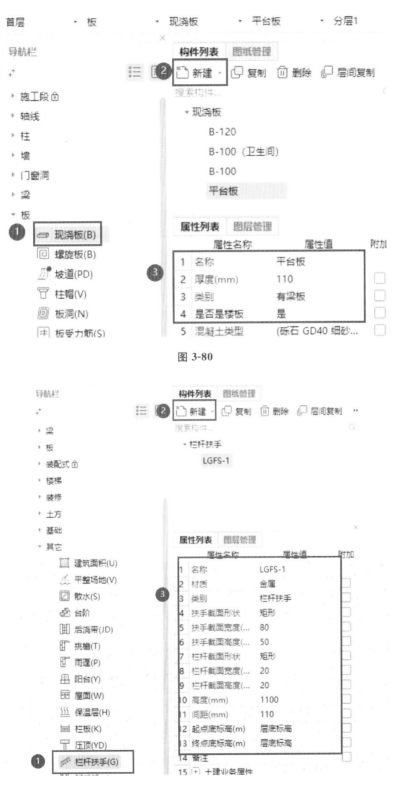

图 3-80

图 3-81

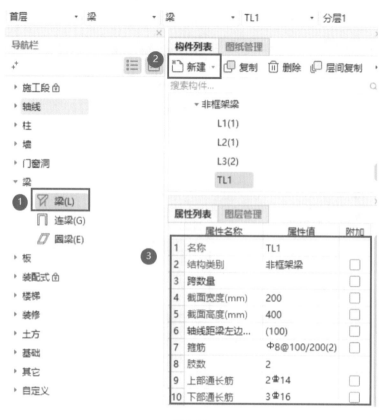

图 3-82

3. 绘制楼梯图元

（1）直线楼梯梯段可以用直线绘制，也可以用矩形绘制，绘制后单击"设置踏步起始边"即可。

（2）休息平台绘制与板绘制一致，可采用点绘制和直线绘制。

（3）栏杆扶手与梯梁可以采用直线绘制。完成绘制后的效果图如图 3-83 所示。

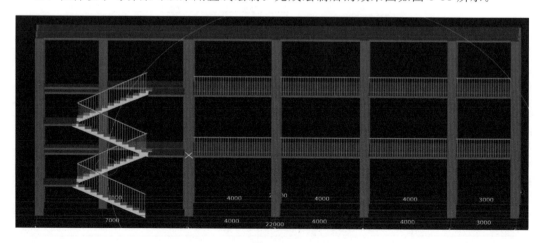

图 3-83

（二）楼梯钢筋算量

以业务楼首层楼梯为例，根据结施-13 及建施-13，读取相关梯板的相关信息，如梯板厚度、钢筋及楼梯具体位置。楼梯的钢筋采用"表格输入"方法进行输入。

操作步骤依次为：①将工具栏切换到"工程量"选项卡；②单击"表格算量"，如图 3-84 所示；③在"表格算量"界面单击"构件"按钮，添加构件楼梯；④根据图纸信息输入相关属性；⑤新建构件后，单击"参数输入"，如图 3-85 所示。

在弹出的"图集列表"对话框中，选择相应的楼梯类型，如以 AT 型楼梯为例，输入完毕后选择保存，如图 3-86 所示。

图 3-84

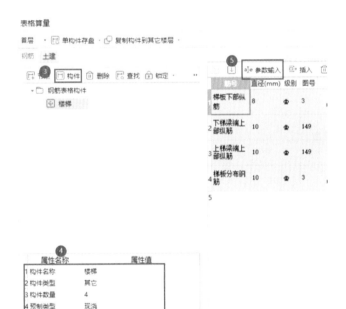

图 3-85

二、散水新建及绘制

（一）新建散水构件

操作步骤为：①在导航栏中选择"其它"中的"散水"；②单击"新建"中的"新建散水"；③在属性列表输入相应信息，如图 3-87 所示。

图 3-86

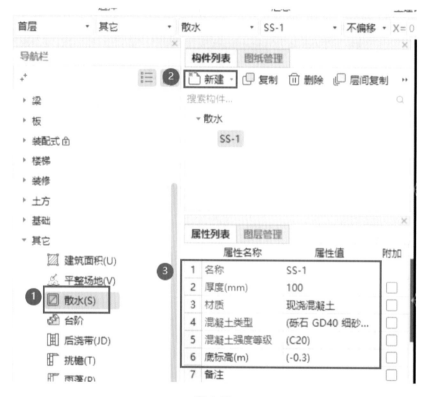

图 3-87

（二）绘制散水图元

散水属于面式构件，可以直线绘制也可以点绘制，本工程散水采用智能布置较合适。智能布置操作步骤为：①单击"智能布置"中"外墙外边线"，如图 3-88 所示；②单击墙，按鼠标右键确定，在弹出的对话框中输入散水宽度"800"，单击"确定"按钮即可，如图 3-89 所示；

③外墙外边线生成之后要删除中间台阶、坡道的部分，如图 3-90 所示。

图 3-88

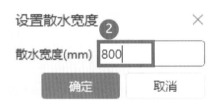

图 3-89

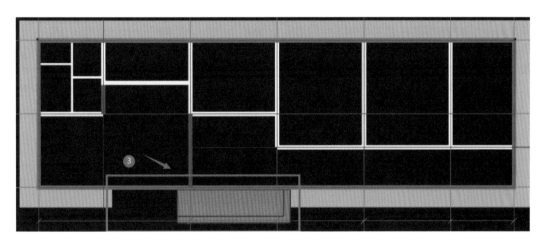

图 3-90

三、台阶新建及绘制

（一）新建台阶构件

操作步骤依次为：①在导航栏中选择"其它"中的"台阶"；②单击"新建"中的"新建台阶"；③在属性列表输入相应信息，如图 3-91 所示。

（二）绘制台阶图元

台阶属于面式构件，可以用直线绘制也可以用矩形绘制，根据需要选择绘制方式，一般情况下用矩形绘制；绘制后，单击"设置踏步边"，鼠标左键单击下方水平轮廓线，如图 3-92 所示；右键弹出"设置踏步边"窗口，输入踏步个数以及踏步宽度，单击"确定"按钮即可，如图 3-93 所示。

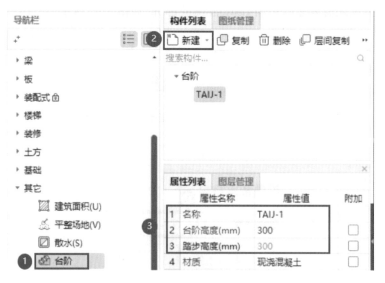

图 3-91

图 3-92

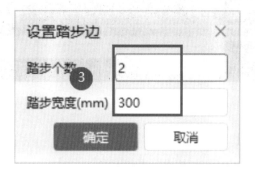

图 3-93

任务十　构件做法套取

构件做法
套取

做法即完成该构件所对应的清单或定额项,套取就是需要对相应做法进行查找并输入。如在基础里面需要套挖土方、回填土、余土外运等定额;在抹灰时需要套取砂浆抹灰、防水层、面层等。

一、构件做法套取原理

做法套取就是在构件的定义界面,添加清单、添加定额,选择对应工程量表达式,根据计算规则计算相应工程量。

做法套取主要意义如下。

（1）可以详细、清晰地按不同清单定额项提供相应工程量。

（2）可以按需要将不同构件类别的工程量进行合并出量。

（3）方便后期因变更等因素导致的图形模型修改变化后的出量。

（4）工程做法套取汇总计算后,可以直接导入计价软件,提高工作效率。

二、构件做法套取软件应用介绍

（一）查询清单定额库

操作步骤依次为:①在构件的界面中,单击"定义",弹出一个定义框;②单击定义界面中的"构件做法",此时会显示出"查询匹配清单""查询匹配定额";③按要求进行查询即可,如图 3-94、图 3-95 所示。

图 3-94

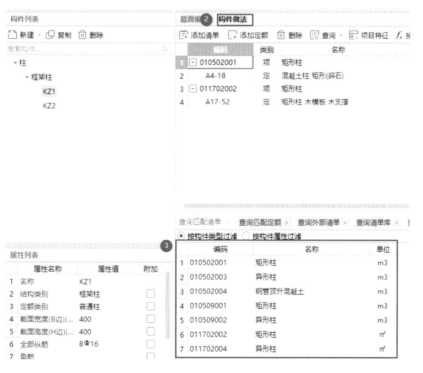

图 3-95

（二）做法刷

操作步骤依次为：①选择绘图输入下的构件，选择要复制的做法，即清单项和定额项，如果刚开始新建的构件没有做法可以给其添加做法；②选择清单后点击上方的"做法刷"按钮，如图 3-96 所示；③在弹出的窗口中选择要刷（复制过去的）做法的构件，可在各层中全部选择；④然后选择上方"是覆盖原做法还是在原做法的基础上添加"，如果原构件没有做法，选择任意一个均可，选择后点击"确定"即可，如图 3-97 所示。

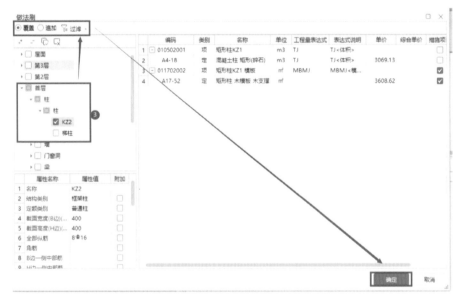

图 3-96

图 3-97

三、案例工程构件做法套取操作

以业务楼工程模型为例进行构件做法套取操作说明。

（一）柱构件做法套取

柱构件定义好后，需要进行套取做法操作。假如矩形柱支撑高度超过 3.6 m，应增加 1 m 木支撑；当套综合脚手架时就不再单独套柱子的脚手架了。套取清单定额步骤依次为：①打开"定义"界面，选择"构件做法"；②单击"添加清单"，添加矩形柱清单项和矩形柱模板清单项；③在各清单下分别添加定额，根据工程实际情况将项目特征补充完整即可，如图 3-98

所示。

图 3-98

（二）梁构件做法套取

套取清单定额步骤依次为：①打开"定义"界面，选择"构件做法"；②单击" 添加清单"，添加混凝土有梁板清单项和有梁板模板清单项；③在各清单下分别添加定额，根据工程实际情况将项目特征补充完整即可，如图 3-99 所示。

图 3-99

（三）板构件做法套取

板构件定义好后，需要进行做法套取操作。操作步骤依次为：①打开"定义"界面，选择"构件做法"；②单击"添加清单"，添加混凝土有梁板清单项和有梁板模板清单项；③在各清单下分别添加定额，根据工程实际情况将项目特征补充完整即可，如图 3-100 所示。

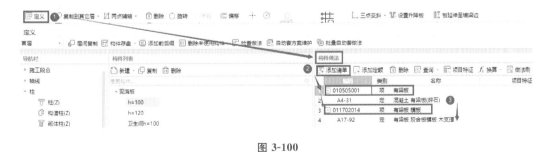

图 3-100

（四）砌体墙做法套取

砌体墙做法套取的清单定额步骤依次为：①打开"定义"界面，选择"构件做法"；②单击"添加清单"，添加相应的墙体清单项和墙面钉（挂）网清单项；③在各清单下分别添加定额，根据工程实际情况将项目特征补充完整即可，如图 3-101 所示。

图 3-101

（五）门窗构件做法套取

门窗构件做法套取的清单定额步骤依次为：①打开"定义"界面，选择"构件做法"；②单击"添加清单"，添加相应的门或者窗的清单项；③在各清单下分别添加定额，根据工程实际情况将项目特征补充完整即可，如图 3-102、图 3-103 所示。

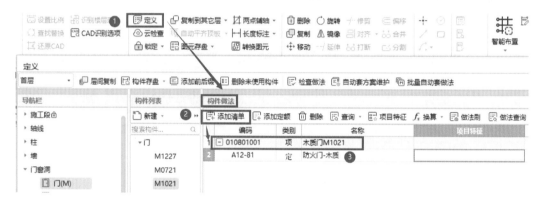

图 3-102

图 3-103

（六）过梁做法套取

过梁做法套取的清单定额步骤依次为：①打开"定义"界面，选择"构件做法"；②单击"添加清单"，添加相应的过梁清单项和过梁模板清单项；③在各清单下分别添加定额，根据工程实际情况将项目特征补充完整即可，如图 3-104 所示。

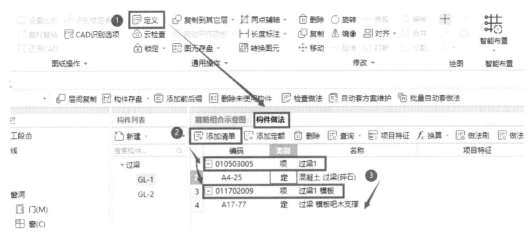

图 3-104

（七）楼梯做法套取

楼梯做法套取的清单定额步骤依次为：①打开"定义"界面，选择"构件做法"；②单击"添加清单"，添加相应的楼梯清单项和楼梯模板清单项；③在各清单下分别添加定额，根据工程实际情况将项目特征补充完整即可，如图 3-105 所示。

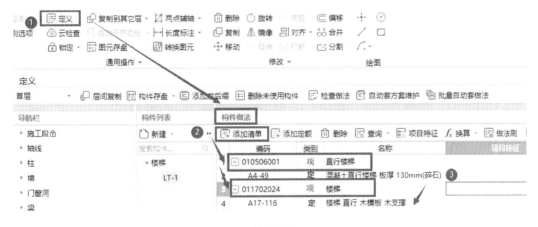

图 3-105

（八）散水及台阶做法套取

散水做法套取的清单定额步骤依次为：①打开"定义"界面，选择"构件做法"；②单击"添加清单"，添加散水清单项和散水模板清单项；③在各清单下分别添加定额，根据工程实际情况将项目特征补充完整即可，如图 3-106 所示。

台阶做法套取的清单定额步骤依次为：①打开"定义"界面，选择"构件做法"；②单击"添加清单"，添加台阶清单项和台阶模板清单项；③在各清单下分别添加定额，根据工程实际情况将项目特征补充完整即可，如图 3-107 所示。

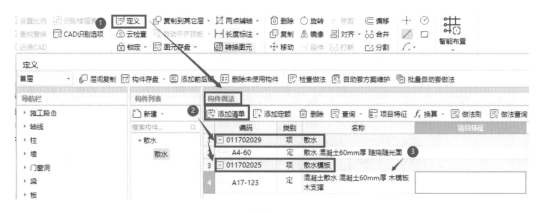

图 3-106

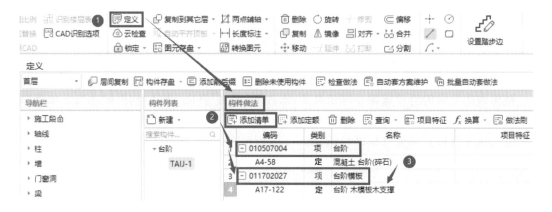

图 3-107

任务十一　BIM 计量模型检查及成果输出

一个项目完整的 BIM 模型,构件数量非常多,在建模过程中容易出现错误,但是在模型复查时无法对构件进行逐个检查,一来费时、费力,二来效果不明显。因此,核对工程量是非常关键的工作,通过对量工作,在寻找量差的过程中,对各类构件逐类推敲,查找出究竟是软件扣减规则原因还是构件尺寸绘制错误造成的,从而进行修改调整。

一、BIM 计量模型检查

(一)合法性检查

合法性检查就是检查当前工程中是否存在非法属性的构件图元。如果当前楼层有非法的构件,会弹出修改的界面,非法的构件图元会有明显的标记,双击构件名称可以定位到出错的构件,如构件图元重叠、梁支座未识别等都可以用此方法检查出来。

BIM 计量
模型检查
及成果输出

合法性检查操作步骤为:①将工具栏切换到"工程量"选项;②单击"合法性检查"或者按键盘上的"F5",弹出合法性检查成功窗口即可;③检测完成后将弹出"提示"窗口,如果当前层没有非法的构件,将会提示楼层校验成功,如图 3-108、图 3-109 所示。

图 3-108

图 3-109

（二）云应用

1. 云规则

在"云应用"按钮下，单击左边列表栏的"云规则"，登录账号后就可以更新安装计算规则，若没有，则需要安装新版本的计量软件才可以更新，如图 3-110 所示。

图 3-110

2. 云汇总

云汇总比本地汇总计算普遍提效 2～7 倍，大幅提升计算效率，解决对量等场景下计算耗时长的痛点。云汇总分为私有云计算和公有云计算两种。

3. 云检查

在对 BIM 计量模型进行准确性检查的过程中,云检查是最有效的方法之一。云检查可以通过"整楼检查""当前层检查"以及"自定义检查"等多个维度进行 BIM 计量模型的云检查,检查过程中通过软件内置的检查规则核对模型的合理性,最终输出全面的检查结果。

(1)整楼检查。

整楼检查是通过对整个 BIM 计量模型所有楼层、构件、图元进行综合检查,针对各构件图元之间的节点关系、钢筋配置合理性等内容进行校核,最终给出"确定错误""疑似错误"和"提醒"三个大类的反馈,便于使用者对 BIM 计量模型进行修改和完善。

整楼检查适合于建筑工程项目 BIM 计量模型全部建立完成之后使用,具体操作主要分为两步:①单击"建模"工具栏中的"云检查",如图 3-111 所示;②在弹出的"云模型检查"窗口中选择"整楼检查",如图 3-112 所示。

图 3-111

图 3-112

(2)当前层检查。

当前层检查适合于单层楼层建立完成之后使用,确保工程量的准确性,便于发现当前楼层中存在的错误,及时修正。具体操作步骤为:在"云模型检查"窗口中,单击"当前层检查"就可以显示检查结果,如图 3-113 所示。

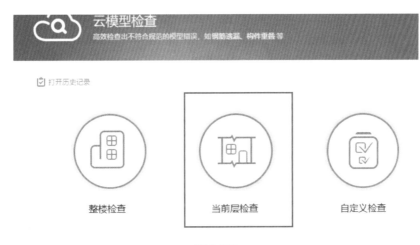

图 3-113

（3）自定义检查。

当 BIM 计量模型全部建立完成之后认为部分图元模型信息还存在错误时，希望有针对性地进行检查，以便在最短的时间内找出该模型的错误问题并且修正，可进行自定义检查。具体操作步骤为：在"云检查"工具栏中，单击"自定义检查"，选择需要检查的楼层和检查的范围就可以显示检查结果，如图 3-114 所示。

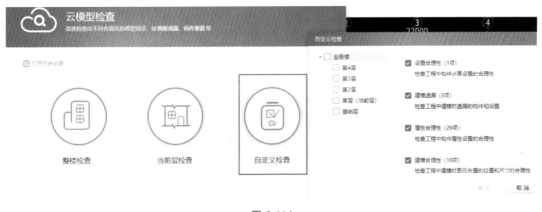

图 3-114

（4）查看云检查结果。

BIM 计量模型全部完成后，在整楼检查、当前层检查及自定义检查时都会弹出"云检查结果"对话框以便查看结果列表，在这个检查结果里，软件自动根据检查问题进行分类，其中包含确定错误、疑似错误和提醒等，可以根据错误的问题进行修正，如图 3-115 所示。

定位：在查看云检查的结果时，若发现存在错误的构件图元，需要定位到详细位置，单击"定位"即可自动定位该问题图元的位置，或者在"检查结果"窗口栏里采用双击鼠标左键进行定位，根据定位到的错误问题进行修复，如图 3-116 所示。

修复：在查看云检查的结果时，当发现存在错误图元或者构件存在问题需要修复时，在 BIM 计量平台中内置了一些修复规则，可以快速修复该错误问题。具体操作步骤为：单击"修复"按钮，修复后的问题在修复列表中显现，可在"修复列表"中再次关注已修复的问题，

图 3-115

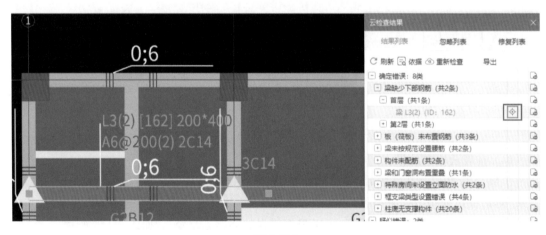

图 3-116

如图 3-117 所示。

忽略:在"云检查结果"列表发现错误问题时,经分析发现某些问题不属于建模错误,可以选择"忽略"此错误操作。具体操作步骤为:单击需要忽略问题的右边按钮,而该忽略的问题将在"忽略列表"中显示出来,如果没有,则忽略列表错误为空,如图 3-118 所示。

图 3-117

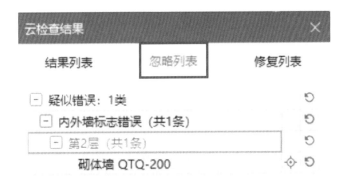

图 3-118

4. 云指标

(1) 云指标的查看。

具体操作步骤为: 在"云应用"工具栏里单击"云指标", 如图 3-119 所示; 或者在"工程量"任务栏里单击"云指标"进行查看,如图 3-120 所示。

图 3-119

图 3-120

（2）工程指标汇总表。

工程量汇总计算完毕后,单击工具栏里面"云指标"查看整个建筑工程模型的混凝土、挖土方、钢筋以及模板等工程量指标数据,查看"1 m² 单位建筑面积指标",进而判断计算出的该项工程量结果是否合理,如图 3-121 所示。

（3）部位楼层指标表。

工程量汇总计算完毕后,查看建筑工程总体指标数据时,发现混凝土等指标数据不合理,可以深入查看各个楼层的混凝土指标值,单击"混凝土"分类下"部位楼层指标表",查看"单位建筑面积指标（m³/m²）"值,进行指标数据分析,如图 3-122 所示。

图 3-121

图 3-122

（4）构件类型楼层指标表。

工程量汇总计算完毕后，查看建筑工程总体指标数据时，发现混凝土等指标数据不合理，可以定位到具体不合理的构件类型，单击"混凝土"分类下"构件类型楼层指标表"查看"混凝土"下的"构件类型楼层指标表"，查看"单位建筑面积指标（m^3/m^2）"，从而进行详细分析，如图 3-123 所示。

（5）单方混凝土标号指标。

查看工程指标数据时，由于不同强度等级的混凝土价格不同，需要区分不同的标号对比。操作步骤为：单击"混凝土"分类下的"单方混凝土标号指标表"，单击"确定并刷新数据"，查看"混凝土"分组的"单方混凝土标号指标表"数据，如图 3-124 所示。

（6）装修指标表。

查看"工程指标汇总表"中的装修数据后，发现有些装修工程量有问题，需要分析装修指

图 3-123

图 3-124

标数据,定位问题出现的具体构件及楼层,可以单击"装修"分类下的"装修指标表"查看"单位建筑面积指标(m^2/m^2)"数据,如图 3-125 所示。

（7）砌体指标表。

工程量汇总计算完毕后,在查看工程总体指标表后,发现砌体指标数据不合理,需要深入查看内外墙各个楼层的砌体指标值,可以单击"其他"分类下的"砌体指标表"查看"砌体指标表"中"单位建筑面积指标（m^3/m^2）"数据,如图 3-126 所示。

5. 云对比

具体操作步骤为:①单击"云应用"页签下的"云对比";②选择主、送审工程(主、送审工程的工程版本、土建计算规则、钢筋计算规则、工程楼层范围均需一致,且仅支持 1.0.25.0 版本以上的工程);③选择对比范围(云对比支持钢筋对比、土建对比等模式);④单击"开始对比"按钮即开始对比,如图 3-127 所示。

图 3-125

图 3-126

图 3-127

二、汇总计算工程量

（一）查看三维视图

对照图纸完成所有构件的输入之后，可查看整个建筑结构的三维视图。操作步骤如下。

①在"视图"菜单下选择"二维/三维"，如图 3-128 所示。

图 3-128

②在"显示设置"的"楼层显示"中选择"全部楼层"，在"图元显示"中设置"显示图元"，可使用"动态观察"旋转角度，如图 3-129 所示。

（二）汇总计算

汇总计算包括计算所选楼层及构件的土建工程量、钢筋工程量以及表格输入方式下的构件的工程量。若汇总计算窗口下面的土建计算、钢筋计算和表格输入前都打"√"，则工程中所有的构件都将进行汇总计算。点击"全楼"可以选中当前工程中的所有楼层，在全选状态下再次单击，即可将所选的楼层全部取消选择。

汇总计算操作步骤为：①单击"工程量"工具栏上的"汇总计算"，如图 3-130 所示，将弹出如图 3-131 所示的"汇总计算"对话框；②选择需要汇总计算的楼层和构件；③单击"确

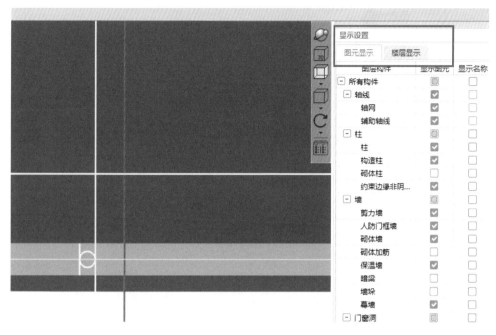

图 3-129

定",开始汇总并计算选中楼层构件的相应工程量,根据所选范围和构件数量确定不同的计算时间;④当计算完毕后会弹出如图 3-132 所示的"计算成功"对话框。

图 3-130

三、查看计算式

操作步骤为:①在"工程量"工具栏中单击"查看计算式",如图 3-133 所示;②选择需要查看计算式的图元,单击一个图元或多个图元,或者按住鼠标左键拉框选择多个图元后单击鼠标右键,弹出一个"查看工程量计算式"对话框,显示所选图元的钢筋计算式,如图 3-134 所示。

四、查看工程量

操作步骤为:①在"工程量"工具栏中单击"查看工程量",②选择需要查看工程量的图元,单击选择一个或多个图元或者拉框选择多个图元,如图 3-135 所示;③此时将弹出"查看构件图元工程量"对话框,显示所选图元的工程量结果,如图 3-136 所示。

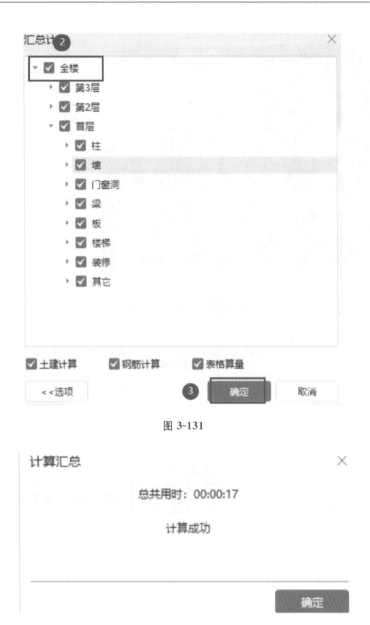

图 3-131

图 3-132

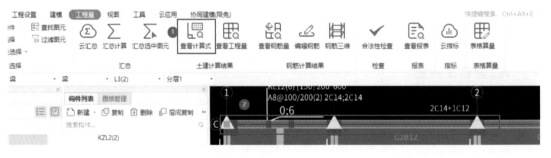

图 3-133

图 3-134

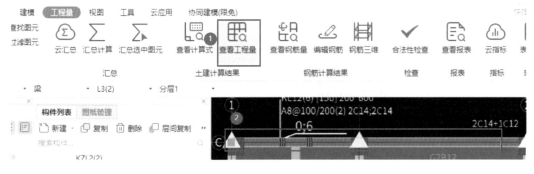

图 3-135

五、查看钢筋三维

工程汇总计算完毕后,可以利用"钢筋三维"功能来查看构件的钢筋三维排布。钢筋三维只支持在当前楼层中进行操作,最多可以批量选择当前楼层中的同一种构件,再点击钢筋三维查看,对整栋楼是不能查看钢筋三维的。

目前已实现钢筋三维显示的构件包括柱、暗柱、端柱、剪力墙、梁、板受力筋、板负筋、螺旋板、柱帽、楼层板带、集水坑、柱墩、筏板主筋、筏板负筋、独基、条基、桩承台、基础板带共 18 种 21 类构件,还不支持钢筋三维的构件有基础梁、连梁、暗梁。

钢筋三维显示构件钢筋的计算结果,按照钢筋实际的长度和形状在构件中排列和显示,并标注各段的计算长度,供用户直观查看计算结果和进行钢筋对量。钢筋三维能够直观真实地反映当前所选择图元的内部钢筋骨架,清楚地显示钢筋骨架中每根钢筋与编辑钢筋中

查看构件图元工程量   — ☐ ✕

构件工程量 | 做法工程量

◉ 清单工程量 ○ 定额工程量 ☑ 显示房间、组合构件量 ☑ 只显示标准层单层量

楼层	名称	结构类别	定额类别	材质	混凝土类型	混凝土强度等级	土建汇总类别	体积(m3)	模板面积(m2)	脚手架面积(m2)	截面周
首层	KL12(6)	楼层框架梁	单梁/连续梁	现浇混凝土	砾石 GD40 细砂水泥42.5 现场普通混凝土	C30	梁	2.328	24.632	50.44	
							小计	2.328	24.632	50.44	
						小计		2.328	24.632	50.44	
					小计			2.328	24.632	50.44	
				小计				2.328	24.632	50.44	
			小计					2.328	24.632	50.44	
		小计						2.328	24.632	50.44	
	小计							2.328	24.632	50.44	
合计								2.328	24.632	50.44	

图元明细 1 (1)

构件名称	位置
KL12(6)	<1,C> <6,C>

图 3-136

的对应关系,如图 3-137 所示。

图 3-137

钢筋三维显示状态应注意以下几点。

(1)当前所选中的图元显示钢筋的骨架三维,选中图元本身仅显示外轮廓线。

(2)钢筋三维和编辑钢筋对应显示。

①选中三维的某根钢筋线时,在该钢筋线上显示各段的尺寸,同时在"编辑钢筋"的表格中对应的行亮显;

②在编辑钢筋的表格中选中某行时,则钢筋三维中所对应的钢筋线亮显。

(3)可以同时查看多个图元的钢筋三维。选择多个图元,然后选择"钢筋三维"命令,即可同时显示多个图元的钢筋三维。

(4)在查看"钢筋三维"时,属性编辑器只能查看图元的属性,不能进行属性修改。

（5）在执行"钢筋三维"命令时,根据不同类型的图元显示一个浮动的"钢筋显示控制面板",如图 3-138 所示梁的钢筋三维,左上角的白框即为"钢筋显示控制面板",用来设置在当前类型的图元中隐藏、显示某些钢筋类型,勾选不同的项时,绘图区会及时更新显示。其中的"显示其它图元"可以设置是否显示本层其他类型构件的图元。

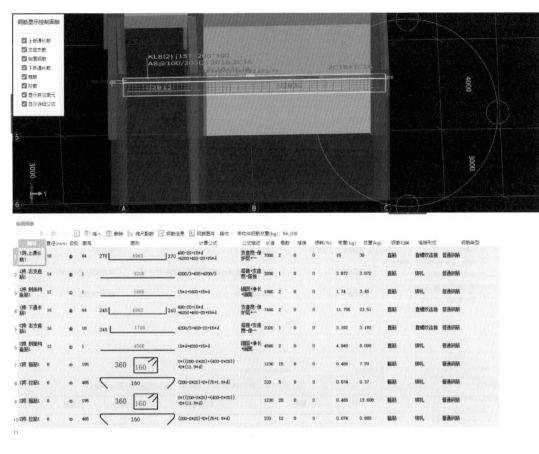

图 3-138

六、查看报表

工程汇总计算完毕后可以采用"查看报表"功能查看钢筋汇总结果和土建汇总结果。

（一）查看钢筋报表

汇总计算整个工程楼层的计算结果后,需要查看构件的钢筋汇总量时,可通过"查看报表"功能来实现。具体操作步骤依次为:①单击"工程量"选项卡中的"查看报表",切换到"报表"界面,如图 3-139 所示;②单击"设置报表范围",如图 3-140 所示。

（二）查看土建报表

汇总计算整个工程楼层后,还需要查看构件的土建汇总量时,可通过"查看报表"功能来实现。具体操作步骤为:单击"工程量"选项卡中的"查看报表",选择"土建报表量"就能查看土建工程量,如图 3-141 所示。

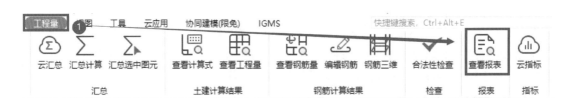

图 3-139

图 3-140

序号		编码	项目名称	单位	工程量
1			实体项目		
2	1	010401004001	多孔砖墙	m³	123.4493
56	2	010401004002	多孔砖墙	m³	1.4047
63	3	010502001001	矩形柱	m³	33.6
215	4	010503002001	矩形梁	m³	2.498
235	5	010503005001	过梁	m³	3.7517
302	6	010505001001	有梁板	m³	70.6659
434	7	010506001001	直形楼梯	m²	9.0144
440	8	010507001001	散水、坡道	m²	42.4
449	9	010507004001	台阶	m³	1.998
454	10	010801001001	木质门MD721	m²	8.82
466	11	010801001002	木质门M1021	m²	31.5
489	12	010801001003	木质门M1227	m²	6.48
495	13	010801001004	木质门MD721	m²	4.41
502	14	010806001001	木质窗C0909	m²	4.86
516	15	010806001002	木质窗C1818	m²	35.64
535	16	010806001003	木质窗C1518	m²	27
553	17	011201005001	墙面打(挂)网	m²	567.7372
611	18	011503001001	金属扶手、栏杆、栏板	m	10.678
619			措施项目		
620	1	011702002001	矩形柱	m²	329.176
772	2	011702006001	矩形梁	m²	26.5746
792	3	011702009001	过梁	m²	51.0889
859	4	011702014001	有梁板	m²	644.1131
991	5	011702027001	台阶	m²	2.28
996	6	011702029001	散水	m²	42.4

图 3-141

（三）设置报表范围

设置报表范围可以计算分层工程量,也可以按照需求输出报表,具体操作步骤依次为:
①在报表窗口界面单击"设置报表范围";②在弹出的选择框内选择所需的报表范围,如图
3-142所示。

图 3-142

（四）反查报表

用报表进行对量时,发现某一工程量对不上,可以用报表反查功能查出此工程量来源,
方便修改,操作方式为:①发现某张报表的某个工程量有问题时,点击报表上方的"报表反
查";②进入报表反查界面后,根据条件搜索出想要查找的构件或鼠标左键选择需要查看的
构件名称或工程量,点击"反查"按钮,软件自动切换到工程量所在楼层,并自动选中要检查
的构件,同时显示被选中构件的工程量表达式,如图 3-143 所示。

图 3-143

模块二　CAD 识别建立 BIM 计量模型

　　模块一主要讲解利用广联达 BIM 土建计量平台 GTJ 手工画图建立各构件,但是通过手工画图的效率并不高。所以当我们熟悉手工画图以及建立构件的原理后,可以采用 CAD 识别建立模型的方法来提高效率。

　　本模块采用一栋地下一层、地上四层的办公楼为工程案例,根据系统的建模流程,从识别基础到识别装修,最终完成 BIM 计量模型,如图 4-1 所示。通过系统学习该项目各阶段构件的识别以及模型建立的全过程,读者可以更全面、更便捷地掌握广联达 BIM 土建计量平台 GTJ 的识别建模方法,使建模的速度大幅度提升。

办公楼图纸

办公楼模型

图 4-1

项目四　建筑工程 CAD 识别建模基础知识

　　利用广联达 BIM 土建计量平台 GTJ 手工画图建立各构件,步骤较为烦琐,建模效率不高。如果工程图纸各构件及其尺寸、配筋信息等按照工程制图标准进行设计,采用 CAD 识别图纸建模能够较快地完成建模,提高效率。

任务一　建筑工程 CAD 识别建模基本原理

　　CAD 识别的基本原理,是软件遵循工程制图规则,从导入的 CAD 图纸中提取需要的构件,绘制成图元,进而快速地完成建模。与手工画图建模的方法一样,CAD 识别建模也是从提取构件开始,再根据图纸上构件边线与标注的关系,绘制出模型所需要的图元,如图 4-2 所示。

　　广联达 BIM 土建计量平台 GTJ 软件内置《房屋建筑与装饰工程工程量计算规范》及全

图 4-2

国各地清单定额计算规则、16 系列平法钢筋规则，可以通过识别 CAD(.dwg)图纸进行快速建模。支持的文件格式有 AutoCAD2000～2015 各版本的图形格式文件。

通过 CAD 识别来绘图建模是手工画图建模的补充，工程图纸标准化程度越高，越有利于保证 CAD 识别建模的效率。

任务二　建筑工程 CAD 识别建模操作基础

本任务将从软件识别功能介绍、识别操作流程、图纸添加及整理三个方面介绍 CAD 识别绘图的基础操作。

一、软件识别功能介绍

建筑工程 BIM 计量识别操作主要通过新建工程→图纸管理→符号转换→识别构件→校核构件的方式，将 CAD 图纸中的线条及文字标注转化成广联达 BIM 土建计量平台 GTJ 中的基本构件图元（如轴网、柱、梁等），从而快速地完成构件的建模操作，提高整体绘图效率。

广联达 BIM 土建计量平台 GTJ 软件 CAD 识别的范围包括表格类和构件类。

（1）表格类：楼层表、独基表、柱表、门窗表、装修表。

（2）构件类：轴网、独立基础、承台、桩、基础梁、柱、柱大样、梁、板、板钢筋（受力筋、跨板受力筋、负筋）、墙、门窗洞、装修。

各构件的识别操作会在后面的章节通过案例工程进行详细讲解，除此之外广联达 BIM 土建计量平台 GTJ 还提供了查找替换、设置比例等 CAD 识别常用功能。

（一）查找替换

广联达 BIM 土建计量平台 GTJ 提供了符号转换的功能，当建模过程中遇到的设计图纸上有异型钢筋符号时，我们无法通过识别的功能识别出与软件所匹配的钢筋符号，而采用手动输入钢筋会大大降低工作效率，此时，我们便通过"查找替换"的功能进行批量检索，并将异型钢筋符号替换成常规钢筋符号。操作步骤如下。

①点击"建模"选项卡上"查找替换"，弹出"查找替换"对话框，如图 4-3、图 4-4 所示。

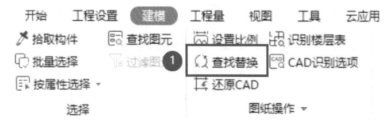

图 4-3

图 4-4

②在"查找内容"栏输入需要检索的异形钢筋符号（也可以在图上点击选择），在"替换为"栏输入需要替换的钢筋符号。输入完成后，点击"全部替换"，如图 4-5 所示。

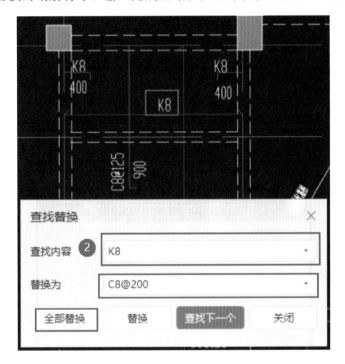

图 4-5

③替换成功后，弹出提示卡，显示出已替换成功的钢筋符号数量，如图 4-6 所示。

（二）设置比例

广联达 BIM 土建计量平台 GTJ 提供了设置比例功能。在建模过程中当导入的 CAD 图纸比例与软件轴网比例不一致时，如果不进行修正，会导致绘制出的图元构件与原图纸上构件存在偏差，此时我们可以使用"设置比例"的功能将比例修正。操作步骤如下。

①点击"建模"选项卡上"设置比例"，如图 4-7 所示。

②根据软件右下角提示，选择需要修正比例的轴线的起点和终点，弹出"设置比例"选项卡，输入两点间的实际尺寸，单击"确定"，完成设置比例，如图 4-8 所示。

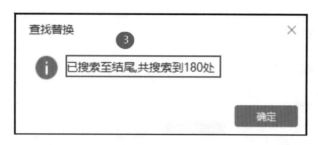

图 4-6

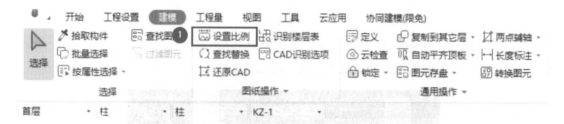

图 4-7

图 4-8

二、识别操作流程

建筑工程 BIM 计量识别操作步骤如下。

①首先需要新建工程→导入图纸→识别楼层表→进行相应的设置;②CAD 识别绘图与手动绘图相同,需要先识别轴网,再识别其他构件;③识别构件按照绘图类似的顺序,先识别竖向构件,再识别水平构件,如图 4-9 所示。

软件的识别流程:添加图纸→分割图纸→提取构件→识别构件→校核构件。软件的识别顺序:楼层→轴网→基础→柱→梁→板→墙→门窗洞→装修,如图 4-10 所示。

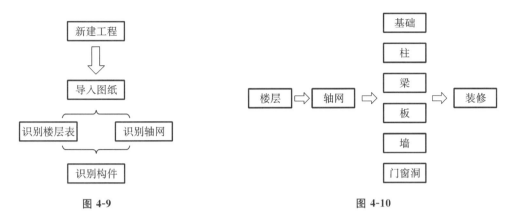

图 4-9　　　　　　　　　　　　　　图 4-10

识别过程与绘制构件类似,识别完首层的构件后,通过同样的方法识别其他楼层的构件,或者通过复制构件的功能将构件复制到其他楼层,最后汇总计算。

通过以上流程,即可完成建筑工程 BIM 计量识别操作。

三、图纸添加及整理

软件还提供了完善的图纸管理功能,能够将原 CAD 图纸进行有效管理,并随工程统一保存为 GTJ 文件,免除了单独保存图纸的步骤,提高工作效率。图纸的添加及整理的流程:图纸导入→图纸分割→图纸命名→图纸定位。具体操作步骤如下。

1. 图纸导入

①点击主界面"图纸管理";②点击"添加图纸",弹出"添加图纸"选项卡;③选择需要导入的图纸;④单击"打开",如图 4-11～图 4-13 所示。

图 4-11

2. 图纸分割

完成图纸导入后,我们需要进行图纸分割。软件提供了"自动分割"和"手动分割"两种图纸分割的功能。

(1) 自动分割。

①点击主界面"图纸管理";②点击"分割"旁的三角符号,下拉选择"自动分割"。软件根据识别到的图框自动进行图纸分割,如图 4-14 所示。

图 4-12

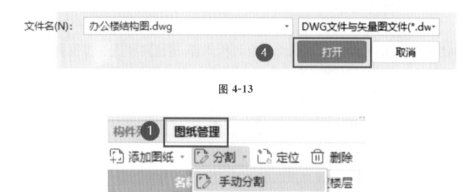

图 4-13

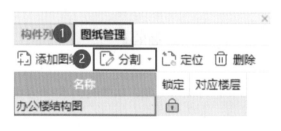

图 4-14

【说明】自动分割的各图纸对应的楼层可能有误,可通过修改图纸所属楼层的方法来整理图纸。

（2）手动分割。

①点击主界面"图纸管理"；②点击"分割"（软件默认分割方式为"手动分割"），如图 4-15 所示；③按住鼠标左键,拉框选取需要分割的图纸（选取到的图纸变成蓝色）,选取完成后单击鼠标右键,弹出"手动分割"选项卡；④确认所分割的图纸的名称及所属楼层,如有误可直接修改；⑤图纸信息无误后,点击"确定",完成图纸分割。分割完成的图纸在原图纸上会有黄色方框,如图 4-16 所示。

图 4-15

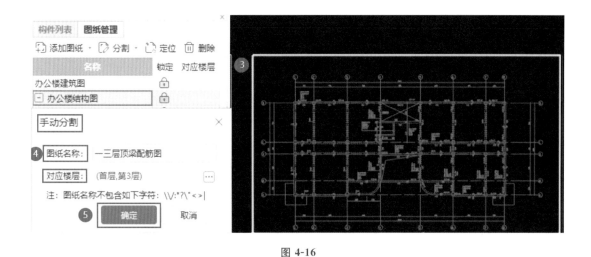

图 4-16

3. 图纸命名

分割完成后的图纸将出现在"图纸管理"的列表中,此时如有图纸命名错误,可直接进行修改。具体步骤是:①选择需要修改命名的图纸;②点击鼠标右键,选择"重命名",进行图纸命名修改,如图 4-17 所示。

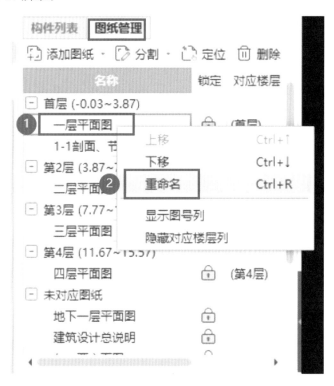

图 4-17

4. 图纸定位

分割后的 CAD 图纸与已识别的轴网可能存在位置偏差,这时候需要使用"图纸定位"功能将 CAD 图纸与已识别的轴网进行定位。具体步骤如下。

①点击主界面"图纸管理";②点击"定位",按软件右下角提示选择 CAD 图纸基准点。通常选择某横轴与某纵轴的交点,如图 4-18 所示;③将选择的图纸基准点拖动到所识别的轴网相同轴号交点(定位点),检查 CAD 图纸各轴号与轴网轴号是否一致。

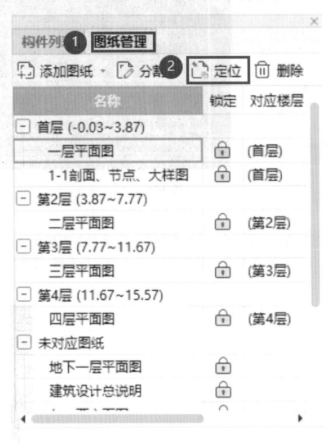

图 4-18

【说明】针对添加的图纸,可以在图层管理中设置"已提取的 CAD 图层"和"CAD 原始图层"的显示和隐藏。

项目五　建筑工程 CAD 识别建模应用

在广联达 BIM 土建计量平台 GTJ2021 中，通过 CAD 识别建模的顺序大致为楼层→轴网→基础→柱→剪力墙→梁→板→砌体墙→门窗洞→装修，识别的步骤大致为识别构件（识别表）→绘制图元→校核图元。我们以案例工程办公楼为例，详细介绍广联达 BIM 土建计量平台 GTJ2021 的识别绘图方法。

任务一　识别楼层

楼层是我们通过 CAD 识别来建模的第一步，只有准确地建立楼层，才能保证竖向构件的模型是正确的。通过模块一我们已了解到如何手动建立楼层信息，而广联达 BIM 土建计量平台 GTJ2021 提供了"识别楼层表"功能，我们可以通过识别图纸中的楼层表快速进行楼层建立。具体操作步骤如下。

识别楼层

①打开一张包含楼层表的图纸，案例工程办公楼中"墙柱结构平面图"，双击打开，找到结构层楼面标高表，如图 5-1 所示。

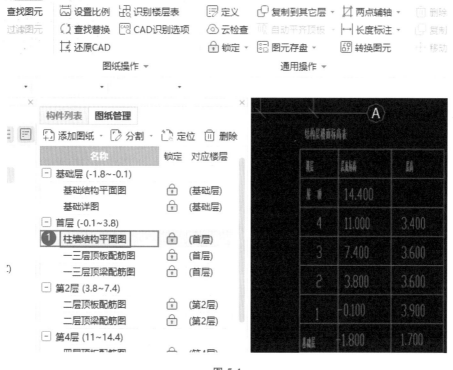

图 5-1

②点击"建模"选项卡界面的"识别楼层表"，如图 5-2 所示。

③按住鼠标左键，拉框选择需要识别的楼层表，选取后的楼层表变成蓝色，单击鼠标右键确认，弹出"识别楼层表"选项卡，检查并修改对应信息，可通过"删除行""删除列"的功能

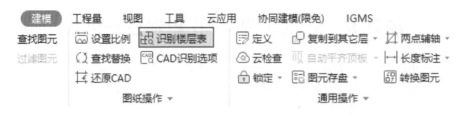

图 5-2

删除识别到的多余信息,校核完成确认无误后单击"识别"按钮,完成识别楼层表,如图 5-3 所示。

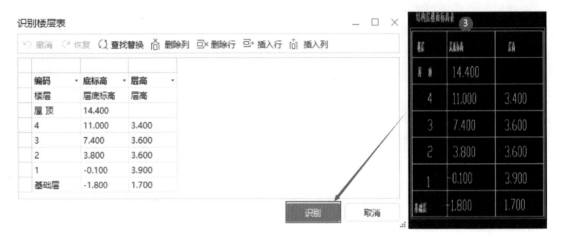

图 5-3

任务二　识别轴网

识别轴网

如果说楼层表是竖向构件建模的基础,那么轴网就是横向构件建模的基础。准确地建立轴网会大大加快通过 CAD 识别建模的速度。广联达 BIM 土建计量平台 GTJ2021 提供了"识别轴网"的功能,可以直接识别原 CAD 图纸中的轴网,具体操作步骤如下。

①双击打开一张含有全部轴网的图纸,案例工程办公楼中我们以"柱墙结构平面图"为例,如图 5-4 所示。

②单击"建模"选项卡界面中的"识别轴网",弹出识别轴网选项卡,包含"提取轴线""提取标注""自动识别","自动识别"下拉框中包括"自动识别""选择识别""识别辅轴",如图 5-5 所示。

③点击"识别轴网"选项卡上的"提取轴线",本案例操作按"按图层选择",选中的轴线变为蓝色。选取完成后单击鼠标右键确认,选取的轴线会自动消失,消失的图元均保存在"已提取的 CAD 图层"中,如图 5-6 所示。

【说明】提取确认消失的图元均保存在"已提取的 CAD 图层"中。

④点击"识别轴网"选项卡上的"提取标注",通过"按图层选择"的功能提取需要识别的轴线标注(包括尺寸线及轴),选中的轴线标注变为蓝色。选取完成后单击鼠标右键确认,如

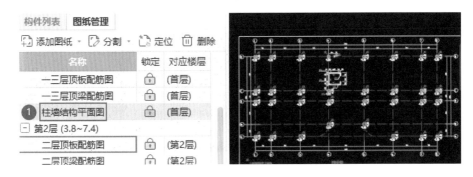

图 5-4

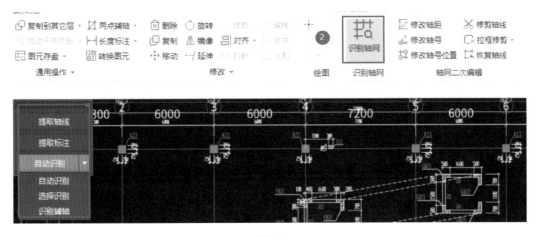

图 5-5

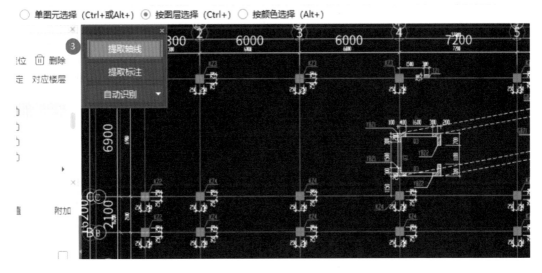

图 5-6

图 5-7 所示。

⑤点击"识别轴网"选项卡上的"自动识别",识别轴网完成。

○ 单图元选择（Ctrl+或Alt+） ● 按图层选择（Ctrl+） ○ 按颜色选择（Alt+）

图 5-7

【说明】"选择识别"功能用于手动识别 CAD 轴网，"识别辅轴"用于识别 CAD 轴网中的辅助轴线。

任务三　识别独立基础

广联达 BIM 土建计量平台 GTJ2021 提供识别独立基础、识别桩承台、识别桩的功能，本工程采用识别独立基础。下面以识别独立基础为例，介绍识别基础的过程。在识别完成之后，需要进入独立基础的属性定义界面，对基础的配筋信息等属性进行修改，以保证识别的准确性。或者先定义再进行 CAD 图的识别，这样识别完成之后就不需要再进行修改属性的操作。

一、识别独基表

识别独立
基础

（一）激活"识别独基表"功能

在识别独基表时，首先将需要用到的相关图纸显示在绘图区域当中，该操作分为两个步骤：①首先将目标构件定位至"独立基础"；②双击进入"基础结构平面图"，将"基础结构平面图"显示在绘图区域，如图 5-8 所示。

"基础结构平面图"显示在绘图区域后，单击"建模"选项卡界面中的"识别独基表"，激活识别独基表功能，如图 5-9 所示。

（二）识别独基表的步骤

"识别独基表"的操作方法：首先把有独基表的图纸显示在绘图区域，左键拉框选中独基表，右键确认后会弹出"识别独基表"对话框，再查看图纸中独基表的信息与弹出对话框的信息是否一致，如有误可手动修改对话框中的信息，检查无误之后单击"识别"，完成独基表的识别，生成独立基础构件。若工程中没有独基表，则可以通过手动输入独立基础构件属性的方式新建独立基础。

二、识别独立基础

（一）激活"识别独立基础"功能

完成识别独基表后，或通过手动输入方式新建独立基础后，则可以通过"识别独立基础"功能在绘图区域完成独立基础图元绘制。识别独立基础的操作分为以下 4 个步骤。

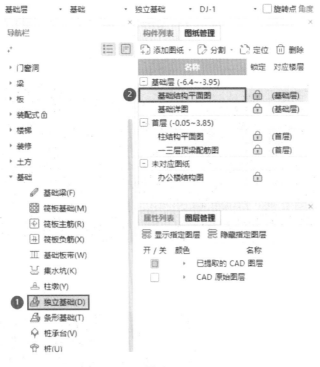

图 5-8

图 5-9

①在"建模"界面下,点击"识别独立基础"激活识别独立基础功能;②通过"提取独基边线"完成独基边线提取;③通过"提取独基标识"完成独立基础标识提取;④通过"识别"完成独立基础的识别,识别又包含"自动识别""框选识别""点选识别"三种方式。具体步骤如图5-10所示。后面将详细介绍提取独基边线、提取独基标识、识别三个功能的具体操作。

(二)识别独立基础的步骤

1. 提取独基边线

①单击识别面板上"提取独基边线",可利用"单图元选择""按图层选择"或"按颜色选择"的功能,选中需要提取的CAD独基边线,选中后CAD独基边线变成蓝色。

此过程也可以点选或框选需要提取的独基边线,或者软件未识别到的其他CAD独基边线。

②鼠标右键确认提取,确认后的CAD独基边线会自动消失,如图5-11所示。

2. 提取独基标识

提取独基标识的操作与提取独基边线的操作相似,操作步骤如下。

①单击识别面板上"提取独基标识",利用"单图元选择""按图层选择"或"按颜色选择"

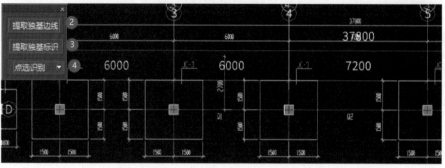

图 5-10

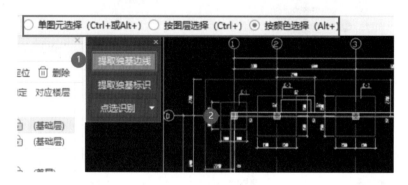

图 5-11

的功能选中需要提取的独基标识,选中后独基标识变成蓝色;②鼠标右键确认提取,确认后的独基标识会自动消失,如图 5-12 所示。

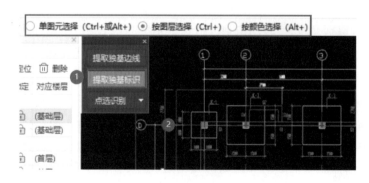

图 5-12

3. 识别

前面介绍了识别基础分别有"自动识别""框选识别""点选识别",本案例我们采用"自动识别"的方法来进行操作,步骤如下。

①单击识别面板上的"点选识别"的下拉框,选择"自动识别"对话框。

②根据弹出的"校核独基图元"对话框,双击第一条信息,显示未使用的独基边线为 1/A 轴交 4 轴的 JC-5 下方的一根线,根据图纸判断,该线不是独基边线,可按"Delete"键进行删除,如图 5-13 所示。

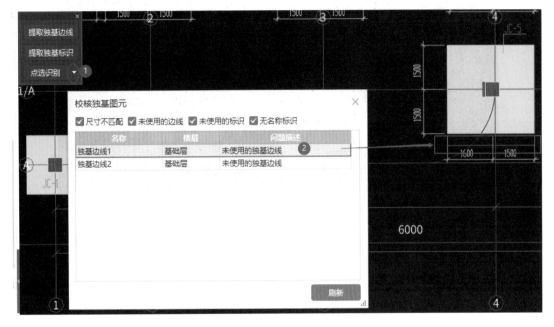

图 5-13

③双击第二条信息,显示未使用的独基边线为筏板边线,根据图纸判断,该线不是独基边线,删除。点击"刷新",显示"校核通过",如图 5-14 所示。

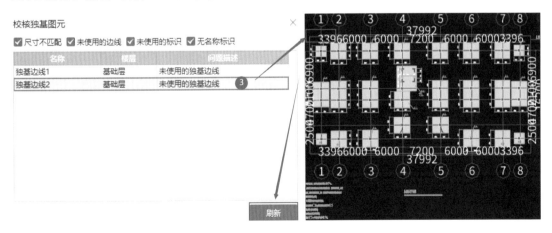

图 5-14

本案例工程中共有 25 个独立基础,参照上述方法,独立基础均布置完成后如图 5-15 所示。

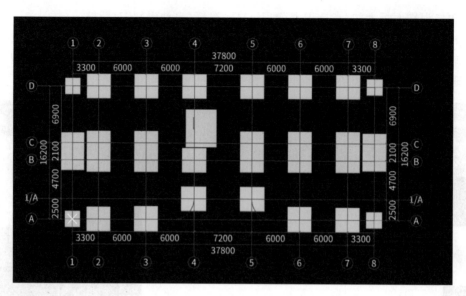

图 5-15

任务四　识　别　柱

识别柱

广联达 BIM 土建计量平台 GTJ2021 提供用 CAD 识别的方式完成矩形柱、圆形柱、异形柱的属性定义与绘制,本工程主要是介绍矩形柱的识别功能。通过"CAD 识别柱"完成柱的属性定义的方法有两种:识别柱表生成柱构件和识别柱大样生成柱构件。

一、识别柱表

(一)激活"识别柱表"功能

在识别柱表时,首先将需要用到的相关图纸显示在绘图区域当中,该操作分为两个步骤:①首先将目标构件定位至"柱";②双击进入"柱墙结构平面图",将"柱墙结构平面图"显示在绘图区域,如图 5-16 所示。

"柱结构平面图"显示在绘图区域后则可以激活"识别柱表"功能,在"建模"选项卡下,点击"识别柱表"激活识别柱表功能,如图 5-17 所示。

(二)识别柱表的步骤

广联达 BIM 土建计量平台 GTJ2021 可以识别普通柱表和广东柱表,遇到广东柱表的工程可以采用"识别广东柱表"。本案例工程为普通柱表,则选择"识别柱表"功能,"识别柱表"的操作方法如下。

①首先把有柱表的图纸显示在绘图区域,左键拉框选中柱表;②右键确认后会弹出"识别柱表"对话框,再查看图纸中柱表的信息与弹出对话框的信息是否一致,如有误可通过对话框上方的"查找替换""删除行"等功能对柱表信息进行调整和修改,或者手动修改对话框中的信息;③确认信息无误后单击"识别"按钮即可,软件会根据对话框中调整和修改的柱表信息生成柱构件,如图 5-18 所示。

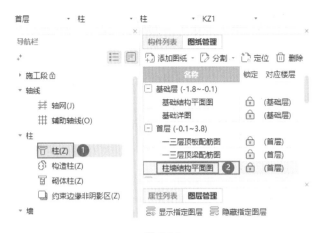

图 5-16

图 5-17

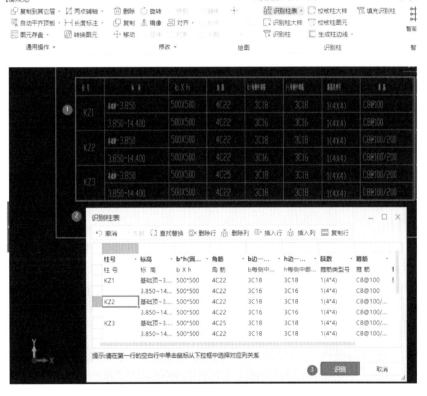

图 5-18

若工程中没有柱表,则可以通过手动输入柱构件属性的方式新建柱或者通过识别柱大样的方式来新建柱。

二、识别柱大样

(一)激活"识别柱大样"功能

在识别柱大样时,需要将用到的相关图纸显示在绘图区域中,该操作分为两个步骤:①首先将目标构件定位至"柱";②双击进入"柱结构平面图",将"柱结构平面图"显示在绘图区域,如图 5-19 所示。

图 5-19

"柱结构平面图"显示在绘图区域后则可以激活"识别柱大样"功能,该操作分为六个步骤:①单击"建模"选项卡进入建模工具栏;②点击"识别柱大样"激活识别柱大样功能;③通过"提取边线"完成柱大样边线提取;④通过"提取标注"完成柱大样标注提取;⑤通过"提取钢筋线"完成柱大样钢筋的提取;⑥通过"识别"完成柱大样的识别,如图 5-20 所示。

(二)识别柱大样的步骤

1. 提取边线

①单击识别面板上"提取边线",利用"单图元选择""按图层选择"或"按颜色选择"的功能选中需要提取的 CAD 柱大样边线,选中后柱大样边线变成蓝色(此过程也可以点选或框选需要提取的或者未识别到的其他 CAD 柱大样边线标识);②鼠标右键确认提取,确认后的 CAD 柱大样边线会自动消失,如图 5-21 所示。

2. 提取标注

提取柱大样标注的操作与提取柱大样边线的操作相似,步骤如下:①单击识别面板上"提取标注",利用"单图元选择""按图层选择"或"按颜色选择"的功能选中需要提取的柱大样标注,选中后柱大样标注变成蓝色;②鼠标右键确认提取,确认后的柱大样标注会自动消失,如图 5-22 所示。

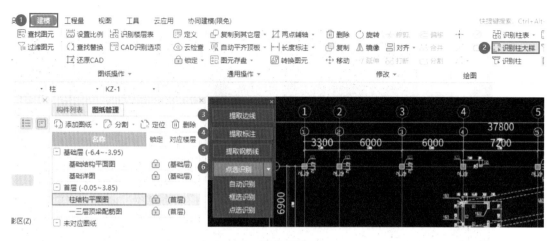

图 5-20

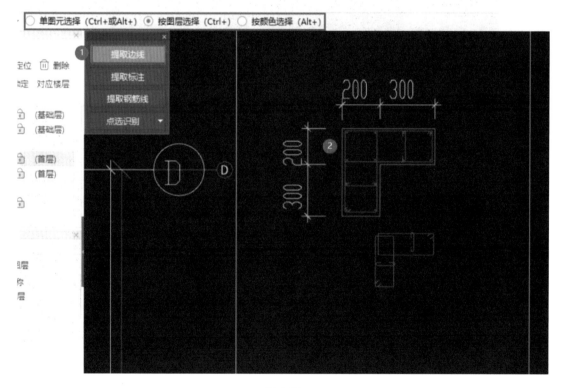

图 5-21

3. 提取钢筋线

提取柱大样钢筋线的操作与前两步的操作相似,步骤如下:①单击识别面板上"提取钢筋线",利用"单图元选择""按图层选择"或"按颜色选择"的功能选中需要提取的柱大样钢筋线,选中后柱大样钢筋线变成蓝色;②鼠标右键确认提取,确认后的柱大样钢筋线会自动消失,如图 5-23 所示。

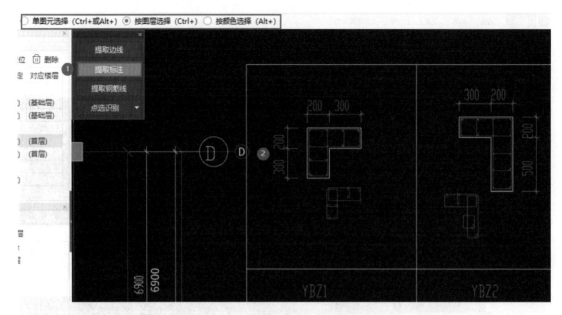

图 5-22

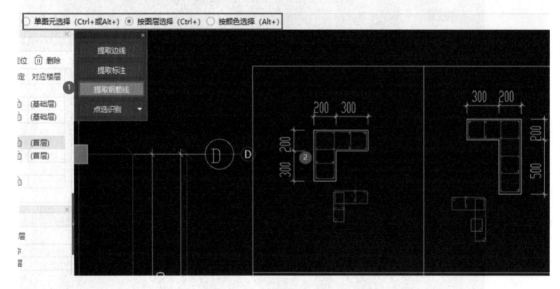

图 5-23

4. 识别

广联达 BIM 土建计量平台 GTJ2021 识别柱大样分别有"自动识别""框选识别""点选识别",本案例我们分别采用"点选识别""自动识别"的方法来进行操作,步骤如下。

(1) 点选识别。

①完成前面三步操作后,单击识别面板上的"点选识别",左键单击柱大样的边线;②弹出"点选识别柱大样"对话框,在此对话框中会显示柱大样的基本信息,我们也可以利用"CAD 底图读取"功能在 CAD 底图中读取柱的信息,对柱的信息进行修改,在"全部纵筋"一行,软件支持"读取"和"追加"两种操作;③确认信息无误后再单击"确定"进行识别,如图

5-24所示。

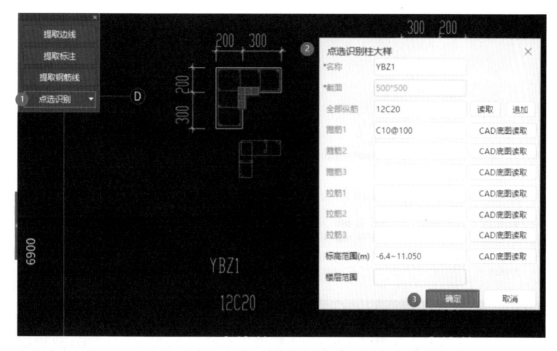

图 5-24

（2）自动识别。

①完成前面三步操作后，单击识别面板上的"自动识别"，弹出"识别柱大样"对话框，点击"确定"，如图 5-25 所示。②弹出"校核柱大样"对话框，点击"确定"，如图 5-26 所示。

图 5-25   图 5-26

三、识别柱

（一）激活"识别柱"功能

在识别柱时，首先将需要用到的相关图纸显示在绘图区域当中，该操作分为两个步骤：①首先将目标构件定位至"柱"；②双击进入"柱墙结构平面图"，将"柱墙结构平面图"显示在绘图区域，如图 5-27 所示。

"柱墙结构平面图"显示在绘图区域后则可以激活"识别柱"功能，该操作分为四个步骤：①在"建模"界面下，点击"识别柱"激活识别柱功能；②通过"提取边线"完成柱边线提取；③通过"提取标注"完成柱标注提取；④通过"识别"完成柱的识别，如图 5-28 所示。

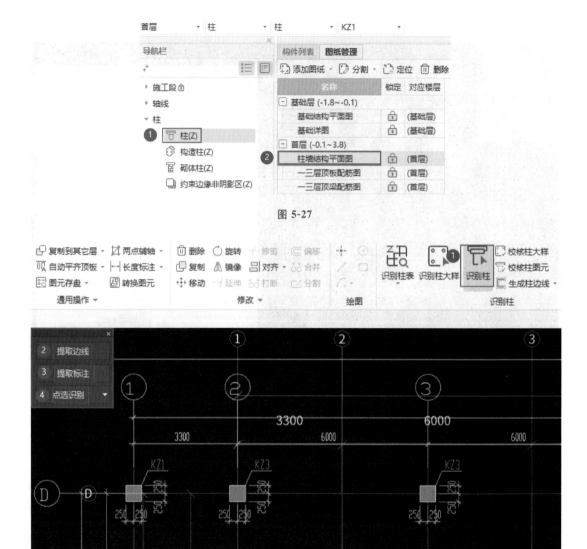

图 5-27

图 5-28

（二）识别柱的步骤

1．删除多余图元

由于"柱墙结构平面图"中包含有柱大样，为了避免在识别柱的过程中柱大样也作为柱进行识别，我们可以对原图进行柱大样的删除，具体步骤如下：①在"图纸管理"中，把"柱墙结构平面图"的锁定打开；②框选柱大样，选中的柱大样信息变蓝色，按"Delete"键进行删除，如图 5-29 所示；③最后对该图进行锁定，如图 5-30 所示。

2．提取边线

①单击识别面板上"提取边线"，利用"单图元选择""按图层选择"或"按颜色选择"的功能选中需要提取的 CAD 柱边线标识，选中后柱边线标识变成蓝色。此过程也可以点选或框选需要提取的或者未识别到的其他 CAD 柱边线标识，如 KZ5、KZ6。②鼠标右键确认提取，确认后的 CAD 柱边线会自动消失，如图 5-31 所示。

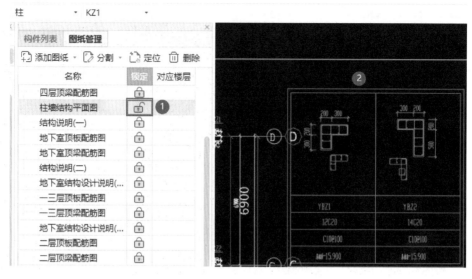

图 5-29

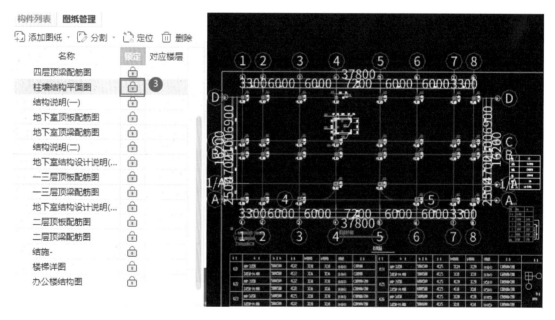

图 5-30

3．提取标注

提取柱标注的操作与提取柱边线的操作相似,步骤如下:①单击识别面板上"提取标注",利用"单图元选择""按图层选择"或"按颜色选择"的功能选中需要提取的柱标注,选中后柱标注变成蓝色;②鼠标右键确认提取,确认后的柱标注会自动消失,如图5-32所示。

4．识别

广联达BIM土建计量平台GTJ2021识别柱分别有自动识别、框选识别、点选识别、按名称识别四种方法,下面将分别介绍这四种方法的具体操作。

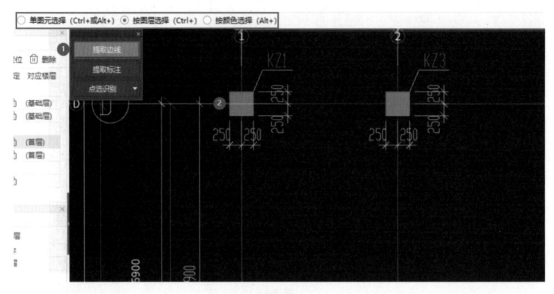

图 5-31

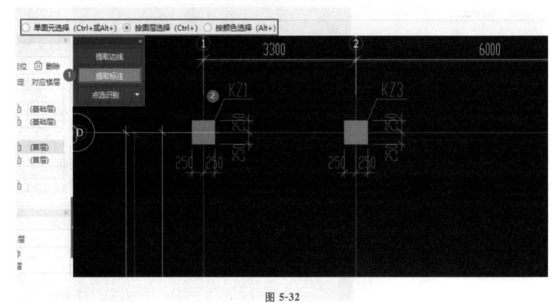

图 5-32

（1）自动识别。本案例工程采用"自动识别"方式。操作步骤为：①左键单击"点选识别"下拉框，左键单击"自动识别"，如图 5-33 所示；②广联达 BIM 土建计量平台 GTJ2021 将根据所识别的柱表、提取的边线和标注来自动识别所有的柱，识别完成后，弹出识别柱构件的个数的提示，单击"确定"按钮，即可完成柱构件的识别，如图 5-34 所示。

（2）框选识别。当你需要识别某一区域的柱时，可采用框选识别。操作步骤为：①单击"框选识别"；②在图纸上左键框选需要识别的区域，右键确认，广联达 BIM 土建计量平台 GTJ2021 会自动识别框选范围内的柱，如图 5-35 所示。

（3）点选识别。点选识别是通过鼠标点选的方式逐一识别柱构件。操作步骤为：①单击"点选识别"；②操作界面弹出"识别柱"对话框，左键单击需要识别的柱标志 CAD 图元，在

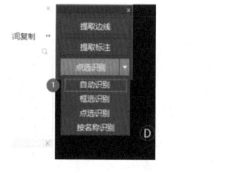

图 5-33

图 5-34

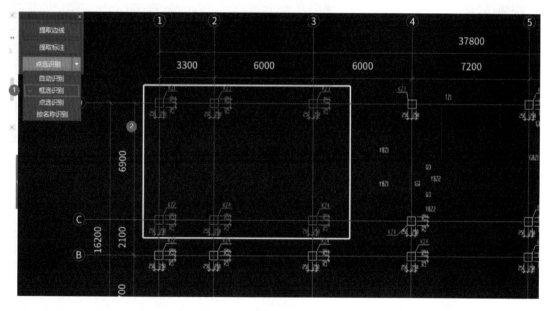

图 5-35

对话框会自动识别柱标志信息,对照图纸中的信息若有误可手动修改;③单击"确定"按钮后,在图纸中选择符合该柱标志的柱边线和柱标注后单击左键,再单击右键确认选择后,柱构件识别完成,如图 5-36 所示。

（4）按名称识别。在图纸中有多个相同名称的柱,这时通常只会对一个柱进行详细标注(截面尺寸、钢筋信息等),而其他柱只标注柱名称,此时就可以使用"按名称识别柱"进行柱识别操作。其操作步骤为:①单击"按名称识别";②操作界面弹出"识别柱"对话框,左键单击需要识别的柱标志 CAD 图元,在对话框会自动识别柱标志信息,对照图纸中的信息若有误可手动修改;③单击"确定"按钮后,广联达 BIM 土建计量平台 GTJ2021 将会自动识别所有满足条件的同名称柱构件,如图 5-37 所示。

本案例工程中共有 32 个框架柱,4 个暗柱,参照上述方法,依次布置完成案例工程中其余的柱,所有柱均布置完成后如图 5-38 所示。

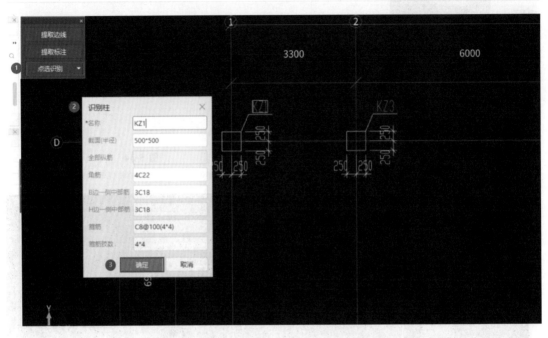

图 5-36

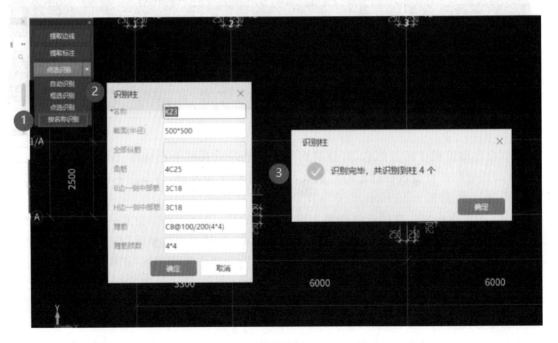

图 5-37

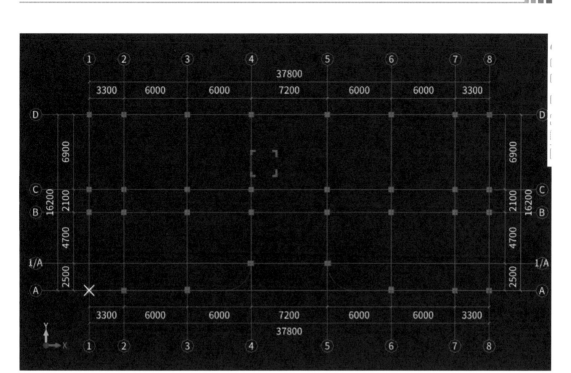

图 5-38

任务五　识别墙(剪力墙)

广联达 BIM 土建计量平台 GTJ2021 提供用 CAD 识别剪力墙表的方式完成剪力墙的属性定义与绘制。通过识别剪力墙表生成剪力墙构件。

一、识别剪力墙表

（一）激活"识别剪力墙表"功能

在识别剪力墙表时,首先将需要用到的相关图纸显示在绘图区域当中,该操作分为两个步骤：①将目标构件定位至"剪力墙"；②双击进入"柱墙结构平面图",将"柱墙结构平面图"显示在绘图区域,如图 5-39 所示。

"柱墙结构平面图"显示在绘图区域后则可以激活"识别剪力墙表"功能,在"建模"选项卡下,点击"识别剪力墙表"激活识别剪力墙表功能,如图 5-40 所示。

（二）识别剪力墙表的步骤

广联达 BIM 土建计量平台 GTJ2021"识别剪力墙表"的操作方法如下：①首先把有剪力墙表的图纸显示在绘图区域,点击"识别柱表"激活识别柱表功能；②左键拉框选中剪力墙表,右键确认后会弹出"识别剪力墙表"对话框；③再查看图纸中柱表的信息与弹出对话框的信息是否一致,可通过对话框上方的"插入列"功能,增加"标高""墙厚""水平分布筋""垂直分布筋""拉筋"等列,并补全对应信息；④通过"删除行""删除列"功能,删除一些不需要的行和列；⑤确认信息无误后单击"识别"按钮即可,软件会根据对话框中调整和修改的剪力墙表信息生成剪力墙构件；⑥提示构件识别完成。分别如图 5-41、5-42、5-43 所示。

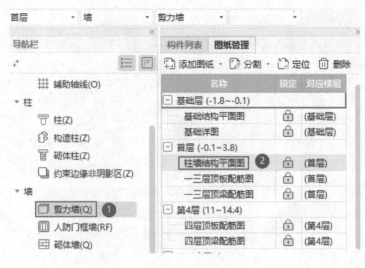

图 5-39

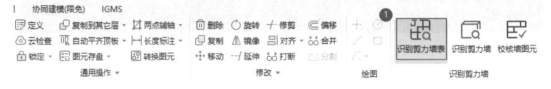

图 5-40

若工程中没有剪力墙表,则可以通过手动输入剪力墙构件属性的方式新建剪力墙。

图 5-41

图 5-42

图 5-43

二、识别剪力墙

（一）激活"识别剪力墙"功能

在识别剪力墙时，首先将需要用到的相关图纸显示在绘图区域当中，该操作分为两个步骤：①将目标构件定位至"剪力墙"；②双击进入"柱墙结构平面图"，将"柱墙结构平面图"显示在绘图区域，如图 5-44 所示。

"柱结构平面图"显示在绘图区域后则可以激活"识别剪力墙"功能，该操作分五个步骤：①进入建模界面，点击"识别剪力墙"激活识别剪力墙功能；②通过"提取剪力墙边线"完成剪力墙边线提取；③通过"提取墙标识"完成剪力墙标识提取；④通过"提取门窗线"完成剪力墙门窗提取；⑤通过"识别剪力墙"完成剪力墙的识别，如图 5-45 所示。

（二）识别剪力墙的步骤

1. 提取剪力墙边线

①单击识别面板上"提取剪力墙边线"，利用"单图元选择""按图层选择"或"按颜色选择"的功能选中需要提取的 CAD 剪力墙边线，选中后剪力墙边线变成蓝色，此过程也可以点选或框选需要提取的或者未识别到的其他 CAD 剪力墙边线；②鼠标右键确认提取，确认后的 CAD 剪力墙边线会自动消失，此时 CAD 剪力墙边线提取完成并存放在"已提取的 CAD 图层"中，如图 5-46 所示。

图 5-44

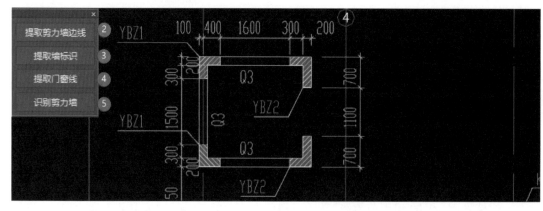

图 5-45

2. 提取墙标识

提取墙标识的操作与提取剪力墙边线的操作相似,步骤如下:①单击识别面板上"提取墙标识",利用"单图元选择""按图层选择"或"按颜色选择"的功能选中需要提取的墙标识,选中后墙标识变成蓝色;②鼠标右键确认提取,确认后的墙标识会自动消失,此时墙标识提取完成并存放在"已提取的 CAD 图层"中,如图 5-47 所示。

3. 提取门窗线

提取门窗线的操作与提取剪力墙边线的操作相似,步骤如下:①单击识别面板上"提取门窗线",利用"单图元选择""按图层选择"或"按颜色选择"的功能选中需要提取的门窗线,选中后墙标识变成蓝色;②鼠标右键确认提取,确认后的门窗线会自动消失,此时门窗线提

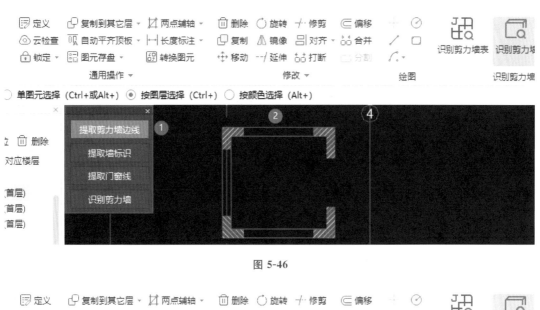

图 5-46

图 5-47

取完成并存放在"已提取的 CAD 图层"中。

本案例工程无剪力墙门窗线。

4. 识别剪力墙

广联达 BIM 土建计量平台 GTJ2021 识别剪力墙有自动识别、框选识别、点选识别三种方法,下面将分别介绍这三种方法的具体操作。

(1) 自动识别。操作步骤为:①左键单击"自动识别",如图 5-48 所示;②弹出提示框,单击"是"按钮,如图 5-49 所示,即可完成剪力墙构件的识别,如图 5-50 所示。

(2) 框选识别。当你需要识别某一区域的剪力墙时,可采用框选识别。操作步骤为:①单击"框选识别",如图 5-51 所示;②在图纸上左键框选需要识别的区域,右键确认,广联达 BIM 土建计量平台 GTJ2021 会自动识别框选范围内的剪力墙,如图 5-52 所示。

(3) 点选识别。点选识别是通过鼠标点选的方式逐一识别柱构件。操作步骤为:①单

图 5-48

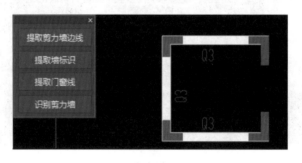

图 5-49

图 5-50

识别剪力墙

	名称	类型	厚度	水平筋	垂直筋	拉筋	构件来源	识别
1	Q3	剪力墙	200	(2)C12@150	(2)C14@150	C8@450*450	构件列表	☑

高级　　　　　　　　　　　　　　自动识别　框选识别　点选识别

图 5-51

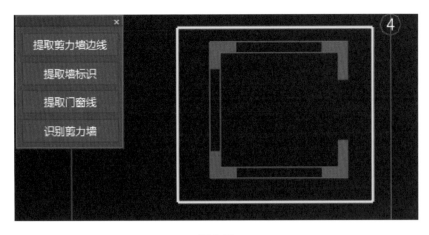

图 5-52

击"点选识别"，如图 5-53 所示；②操作界面弹出"识别剪力墙"对话框，左键单击需要识别的剪力墙标志 CAD 图元，在对话框会自动识别剪力墙标志信息，对照图纸中的信息，若有误可手动修改；③单击"确定"按钮后，在图纸中选择符合该剪力墙标志的剪力墙边线和剪力墙标注后单击左键，再单击右键确认选择，剪力墙构件识别完成，如图 5-54 所示。

图 5-53

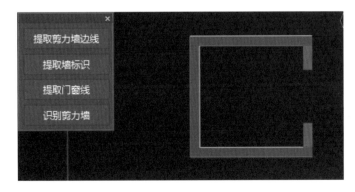

图 5-54

任务六　识　别　梁

在建筑结构中,板与梁共同组成建筑的楼面结构。广联达 BIM 土建计量平台 GTJ2021 在建模过程中,可以根据 CAD 图纸进行识别梁、编辑支座、识别梁原位标注等操作,本任务结合办公楼案例工程的特点介绍识别梁、编辑支座、识别梁原位标注的识别绘制方法。

一、识别梁

(一)激活"识别梁"功能

在识别梁时,首先将需要用到的相关图纸显示在绘图区域当中,该操作分为两个步骤:①在导航树中将目标构件定位至"梁";②双击进入"一三层顶梁配筋图",将"一三层顶梁配筋图"显示在绘图区域,如图 5-55 所示。

图 5-55

"一三层顶梁配筋图"显示在绘图区域后则可以激活"识别梁"功能,该操作分为两个步骤:①单击"建模"选项卡进入建模工具栏;②点击"识别梁"激活识别梁功能。完成以上两步操作后,在绘图区域左上角会出现"识别梁"工具栏,该工具栏中包含"提取边线""提取标注""识别梁""编辑支座""识别原位标注",如图 5-56 所示。

(二)识别梁的步骤

1.提取边线

①单击识别面板上"提取边线",利用"单图元选择""按图层选择"或"按颜色选择"的功能选中需要提取的 CAD 梁边线,选中后梁边线变成蓝色,此过程也可以点选或框选需要提取的 CAD 梁边线;②鼠标右键确认提取,如图 5-57 所示。

2.提取标注

左键单击"提取梁标注",提取梁标注包含三种功能:自动提取标注、集中标注和原位标注。下面将介绍这三种功能的具体操作方式。

(1)自动提取标注。"自动提取标注"可一次提取 CAD 图中全部的梁标注,广联达 BIM

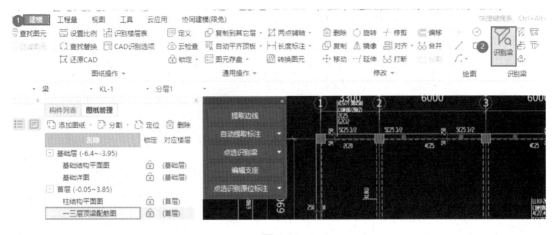

图 5-56

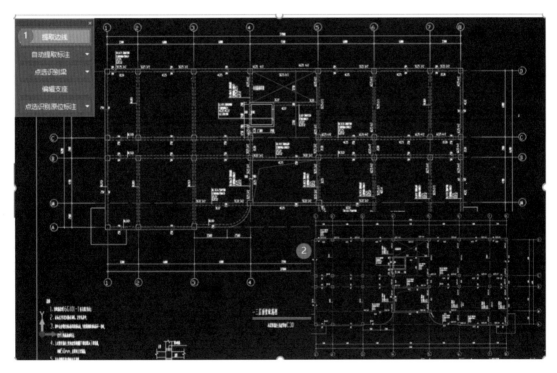

图 5-57

土建计量平台 GTJ2021 会自动区别梁集中标注和原位标注,一般集中标注和原位标注在同一图层时使用此方法,因本案例工程的梁标注在同一图层,故采用"自动提取标注"方法来提取梁标注。操作步骤为:①单击识别面板上"自动提取标注",利用"按图层选择"的功能选中需要提取的 CAD 梁标注,如果集中标注和原位标注在同一图层就会被选择到,选中后梁标注变成蓝色,此过程也可以点选或框选未提取到或需要提取的 CAD 梁标注;②鼠标右键确认提取,弹出"标注提取完成"的提示,如图 5-58 所示。

(2)集中标注和原位标注。如果集中标注和原位标注分别在两个图层,则采用"集中标注"和"原位标注"分别提取,方法参照"自动提取标注"。完成提取后,集中标注以黄色显示,

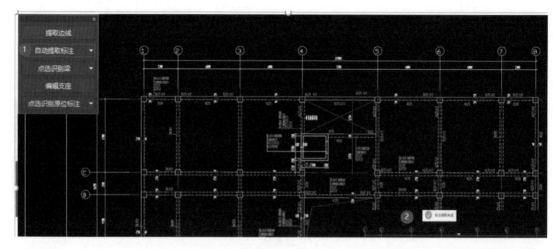

图 5-58

原位标注以粉色显示,如图 5-59 所示。

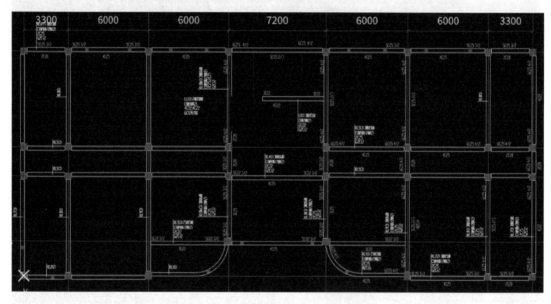

图 5-59

3. 识别梁

左键单击"识别梁",识别梁包含三种方法:"自动识别梁""框选识别梁"和"点选识别梁"。下面将详细介绍这三种方法的具体操作。

(1)自动识别梁。广联达 BIM 土建计量平台 GTJ2021 会根据提取的梁边线和梁集中标注自动对图中所有的梁一次性全部识别。操作步骤为:①左键单击识别面板"点选识别梁"的倒三角形弹出按钮,在下拉框中左键单击"自动识别梁",软件弹出"识别梁选项"对话框,在"识别梁选项"对话框可以对照图纸查看、修改、补充梁集中标注信息,以提高梁识别的准确性;②左键单击"继续"按钮,广联达 BIM 土建计量平台 GTJ2021 则按照提取的梁边线和梁集中标注信息自动生成梁图元,如图 5-60 所示。

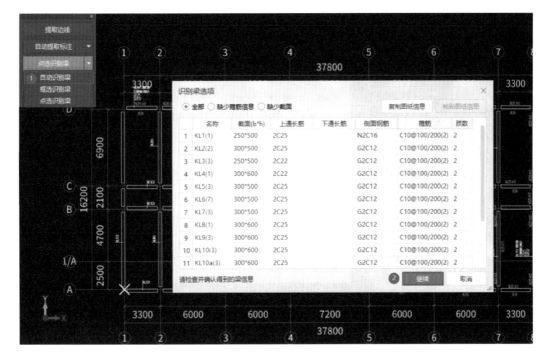

图 5-60

（2）框选识别梁。"框选识别梁"可满足分区域识别的需求，对于一张图纸中存在多个楼层平面的情况，可选中当前层识别，也可框选一道梁的部分梁边线完成整道梁的识别。操作步骤为：①左键单击识别面板"点选识别梁"的下拉框，在下拉框中左键单击"框选识别梁"，拉框选择需要识别的梁集中标注，此时梁集中标注变成蓝色；②右键单击确定选择，弹出"识别梁选项"对话框，再单击"继续"按钮，即可完成梁的识别，如图 5-61 所示。

（3）点选识别梁。"点选识别梁"功能可以通过选择梁边线和梁集中标注的方法进行梁识别操作。操作方法为：①左键单击"点选识别梁"，则弹出"点选识别梁"对话框；②左键单击需要识别的梁集中标注，则"点选识别梁"对话框自动识别梁集中标注信息；③确认信息无误后单击"确定"按钮；④在图形中选择符合该梁集中标注的梁边线的起点与终点，被选择的梁边线以蓝色填充梁边线显示，右键在空白处确认选择，此时所选的梁边线则被识别为梁图元，如图 5-62 所示。

广联达 BIM 土建计量平台 GTJ2021 识别梁完成后，会提供"校核梁图元"功能进行智能检查，或者可以单击工具栏中的"校核梁图元"命令进行检查，如识别的梁跨与标注的梁跨数量一致时梁用粉色显示，若不符则弹出提示并且梁会以红色显示，此时双击梁构件名称，即可自动定位到此道梁进行检查并修改，如图 5-63 所示。

二、编辑支座

当"校核梁图元"完成后，如果存在梁跨数与集中标注中不符的情况，则可以使用"编辑支座"功能进行支座的增加、删除来调整梁跨。操作方式为：①单击"编辑支座"或者单击工具栏中的"编辑支座"命令；②如果要增加或者删除支座，选中要编辑的梁，当梁变成蓝色和支座以黄色三角形显示出来后，直接点取梁上支座点的标志即可，点取完成后单击鼠标右键

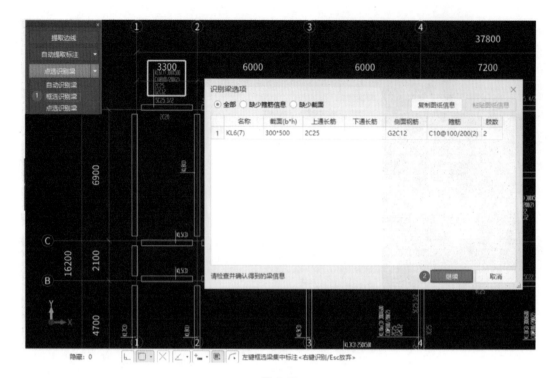

图 5-61

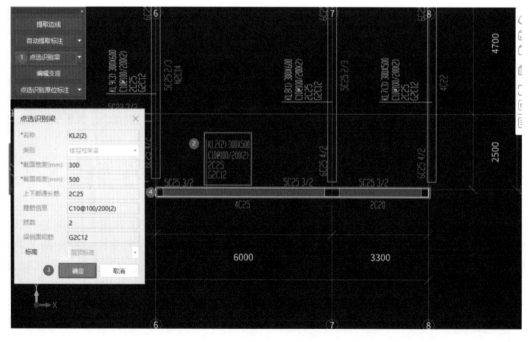

图 5-62

即可完成编辑支座的操作,如图 5-64 所示。

图 5-63

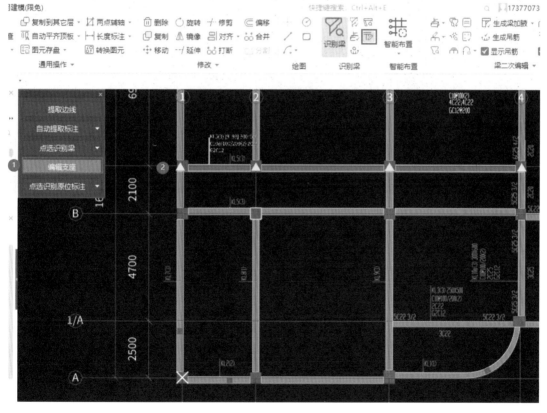

图 5-64

三、识别梁原位标注

完成以上所有操作后,接下来识别原位标注,识别原位标注有"自动识别原位标注""框选识别原位标注""点选识别原位标注"和"单构件识别原位标注"四种方法,下面将分别详细介绍这四种方法的具体操作。

1. 自动识别原位标注

单击"自动识别原位标注",广联达 BIM 土建计量平台 GTJ2021 将自动识别所有符合条件的原位标注,弹出"校核通过"即可完成原位标注的识别,如图 5-65 所示。

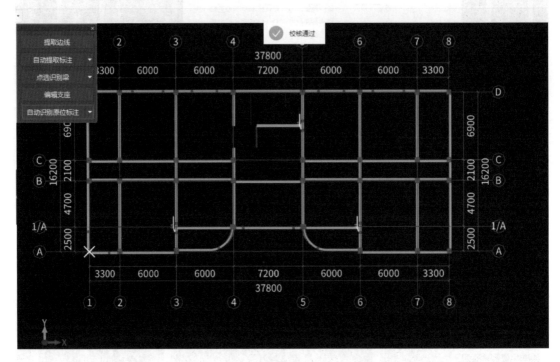

图 5-65

2. 框选识别原位标注

单击"框选识别原位标注",左键框选区域,所选区域的梁变蓝色,确定后右键确认,弹出"校核通过"即可完成原位标注的识别,如图 5-66 所示。

3. 点选识别原位标注

单击"点选识别原位标注",选中一根梁后所选的梁变蓝色,此时会有原位标注的方形框显示出来,这时左键单击 CAD 底图位置的原位标注,若弹出的方形框与 CAD 底图原位标注的两个红框位置一致,则单击右键完成识别,若不一致则需要我们检查识别是否有误或者手动修改。以此类推,完成所有原位标注的识别,如图 5-67 所示。

4. 单构件识别原位标注

单构件识别原位标注与框选识别原位标注操作类似,区别在于单构件识别原位标注每次只能识别一根梁。操作方法为:单击"单构件识别原位标注",选中梁后单击右键即可完成识别,以此类推完成所有原位标注的识别,如图 5-68 所示。

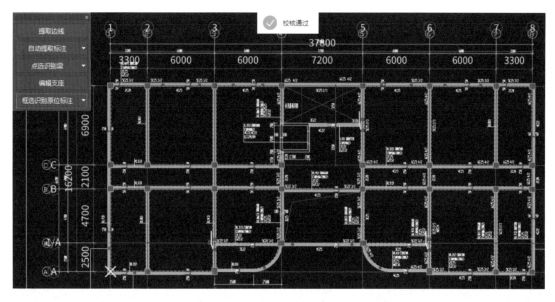

图 5-66

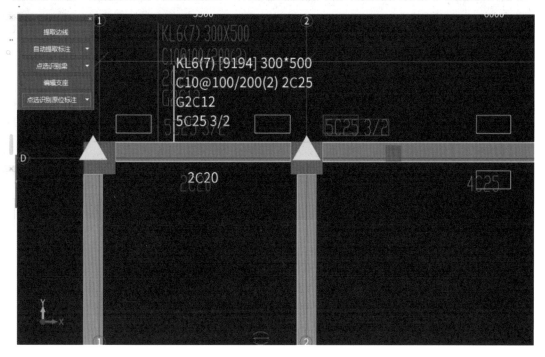

图 5-67

所有原位标注识别成功后,其颜色都会变为深蓝色,而未识别成功的原位标注仍保持粉色,从而方便查找和修改,如图 5-69 所示。

所有梁完成以上操作后,如果 CAD 图纸中有吊筋和次梁加筋,则可以使用"识别吊筋"功能对 CAD 图中的吊筋、次梁加筋进行识别,所有识别吊筋的功能都需要在主次梁已经变成绿色后才能使用。"识别吊筋"操作步骤如下。①提取钢筋和标注:选中吊筋和次梁加筋

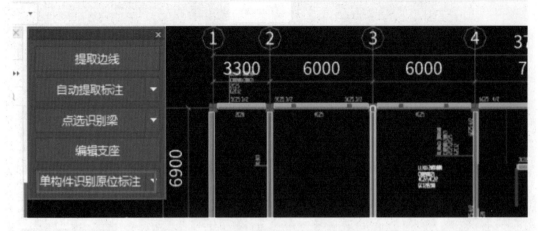

图 5-68

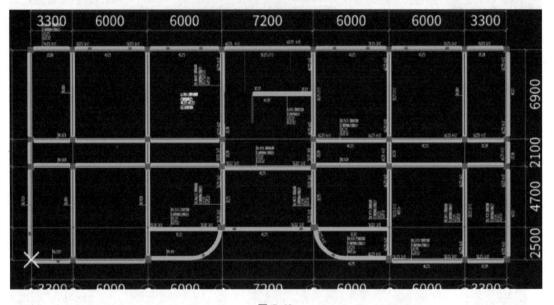

图 5-69

的钢筋线及标注(如无标注则不选),单击鼠标左键确定后即可完成提取。②识别吊筋:在"提取钢筋和标注"后,可根据图纸情况通过自动识别、框选识别和点选识别来完成吊筋的识别。若 CAD 图纸中无吊筋和次梁加筋的标注,这时需要手动输入。本工程 CAD 图纸中无吊筋和次梁加筋的标注,故只能手动输入其信息生成吊筋和次梁加筋。

任务七　识　别　板

在建筑结构中,板与梁共同组成建筑的楼面结构。广联达 BIM 土建计量平台 GTJ2021 在建模过程中,绘制完梁图元后,我们可以根据 CAD 图纸识别现浇板、板洞、板受力筋、板负筋等构件,本任务结合办公楼案例工程的特点介绍现浇板、板受力筋及板负筋的识别绘制方法。

一、识别现浇板

（一）激活"识别板"功能

识别现浇板时，需要先激活"识别板"功能，该操作有两个步骤：①在导航树中将目标构件定位至"板-现浇板"，如图 5-70 所示；②在"建模"选项卡界面单击"识别板"，如图 5-71 所示。完成以上两步操作后，在绘图区域左上角会出现"识别板"工具栏，该工具栏中包含"提取板标识""提取板洞线""自动识别板"。

识别板

图 5-70

图 5-71

（二）识别板的步骤

通过"识别板"绘制现浇板图元主要分为三大步骤：提取板标识→提取板洞线→自动识别板。

1. 提取板标识

①单击识别面板上"提取板标识"，利用"单图元选择""按图层选择"或"按颜色选择"的功能选中需要提取的 CAD 板标识，选中后变成蓝色，此过程也可以点选或框选需要提取的 CAD 板标识；②单击鼠标右键确认，如图 5-72 所示。

2. 提取板洞线

提取板洞线的操作与提取板标识的操作相似。

①单击识别面板上"提取板洞线"，利用"单图元选择""按图层选择"或"按颜色选择"的功能选中需要提取的板洞线，选中后变成蓝色；②单击鼠标右键确认，如图 5-73 所示。

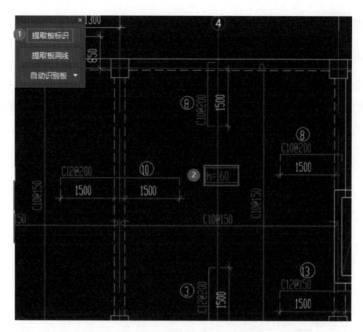

图 5-72

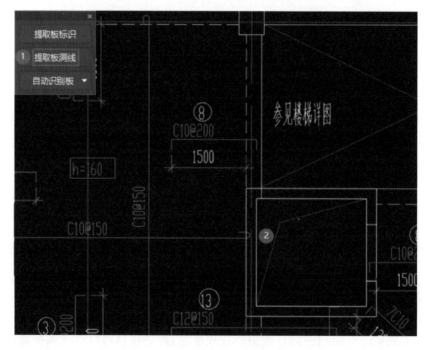

图 5-73

3. 自动识别板

①单击识别面板上的"自动识别板",弹出"识别板选项"对话框;②选择板支座的图元范围,单击"确定"进行识别,如图 5-74 所示。

图 5-74

二、识别板受力筋

(一) 激活"识别受力筋"功能

识别板受力筋时,需要先激活"识别受力筋"功能,该操作有两个步骤:①在导航栏中将目标构件定位至"板-板受力筋",如图 5-75 所示;②在"建模"选项卡界面单击"识别受力筋"。完成以上两步操作后,在绘图区域左上角会出现"识别受力筋"工具栏,该工具栏中包含"提取板筋线""提取板筋标注""点选识别受力筋""自动识别板筋",如图 5-76 所示。

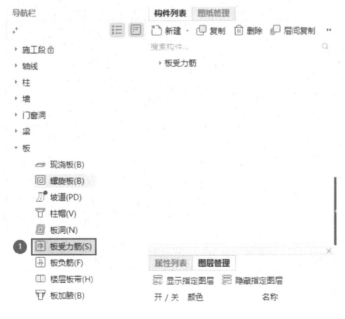

图 5-75

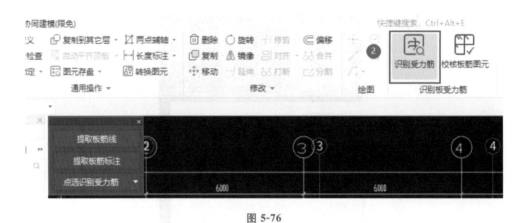

图 5-76

（二）"识别板受力筋"的步骤

通过"识别板受力筋"绘制板受力筋图元主要分为三大步骤：提取板筋线→提取板筋标注→识别受力筋（点选识别受力筋或自动识别板筋）。

1. 提取板筋线

①单击识别面板上"提取板筋线"，利用"单图元选择""按图层选择"或"按颜色选择"的功能选中需要提取的 CAD 板筋线标识，选中后变成蓝色，此过程也可以点选或框选需要提取的 CAD 板筋线标识；②单击鼠标右键确认，如图 5-77 所示。

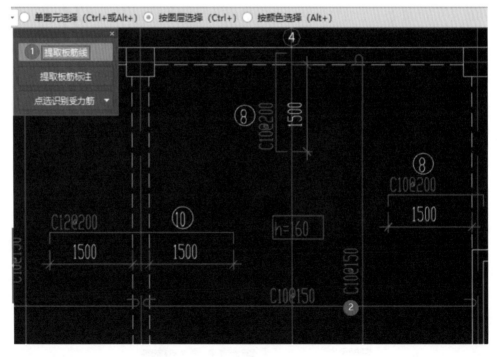

图 5-77

2. 提取板筋标注

①单击识别面板上"提取板筋标注"，利用"单图元选择""按图层选择"或"按颜色选择"

的功能选中需要提取的 CAD 板筋标注,选中后变成蓝色,此过程也可以点选或框选需要提取的 CAD 板筋标注;②单击鼠标右键确认,如图 5-78 所示。

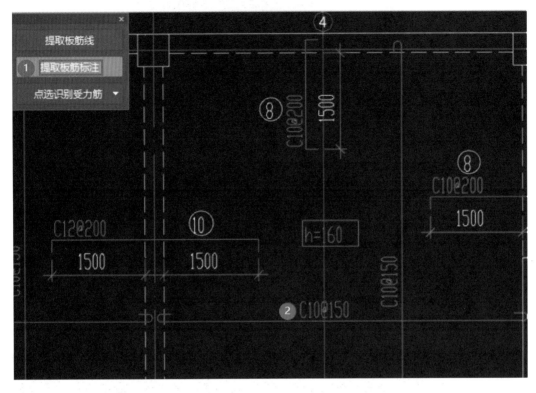

图 5-78

3. 识别板受力筋

识别板受力筋一共有两种方法,分别是"自动识别板筋"和"点选识别受力筋",其中"自动识别板筋"功能可以将提取到的标识自动识别成"板受力筋""跨板受力筋"和"板负筋",而"点选识别受力筋"则是通过点选的方式,将受力筋图元布置到板图元上。

(1)自动识别板筋。

①点击识别面板上"点选识别受力筋"旁的三角符号;②选择"自动识别板筋"功能,弹出"识别板筋选项"选项卡;③核对无标注板筋信息无误后,点击"确定"完成识别,如图 5-79 所示。

(2)点选识别受力筋。

①点击识别面板上"点选识别受力筋",弹出"点选识别板受力筋"选项卡;②在已提取的 CAD 图层点击需要识别的板受力筋,该受力筋的信息会出现在"点选识别板受力筋"选项卡上;③核对无误后,点击"确定",利用"单板""多板""自定义""按受力筋范围"的功能布置识别到的受力筋,如图 5-80 所示。

三、识别板负筋

(一)激活"识别负筋"功能

识别板负筋时,需要先激活"识别负筋"功能,该操作有两个步骤:①在导航栏中将目标

图 5-79

图 5-80

构件定位至"板-板负筋",如图 5-81 所示;②在"建模"选项卡界面单击"识别负筋"。完成以上两步操作后,在绘图区域左上角会出现"识别板负筋"工具栏,该工具栏中包含"提取板筋线""提取板筋标注""点选识别负筋""自动识别板筋",如图 5-82 所示。

图 5-81

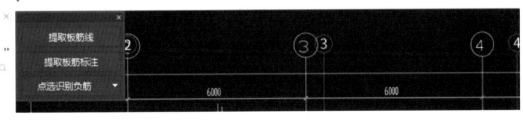

图 5-82

（二）"识别板负筋"的步骤

通过"识别板负筋"绘制板负筋图元主要分为三大步骤:提取板筋线→提取板筋标注→识别负筋(点选识别负筋或自动识别板筋)。其中"提取板筋线""提取板筋标注""自动识别板筋"的做法与板受力筋一致,"点选识别负筋"的做法如下:①点击识别面板"点选识别负筋",弹出"点选识别板负筋"选项卡;②在已提取的 CAD 图层点击需要识别的板负筋,该板负筋的信息会出现在"点选识别板负筋"选项卡上;③核对无误后,点击"确定",利用"按梁布置""按圈梁布置""按连梁布置""按墙布置""按板边布置""画线布置"的功能布置识别到的负筋,如图 5-83 所示。

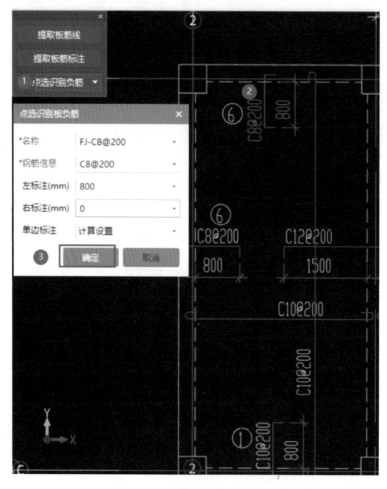

图 5-83

任务八　识别砌体墙

识别砌体墙

砌体墙作为建筑设计中的重要组成部分,在绘制时,需要综合考虑项目墙体属性,例如高度、厚度、内外墙体区别等。本项目将介绍如何利用 CAD 识别的功能在广联达 BIM 土建计量平台 GTJ2021 中绘制砌体墙方法,从整体出发,完成办公楼项目的所有砌体墙模型。

一、激活"识别砌体墙"功能

识别砌体墙时,需要先激活"识别砌体墙"功能,该操作有两个步骤:

①在导航栏中将目标构件定位至"墙-砌体墙",如图 5-84 所示;②在"建模"选项卡界面单击"识别砌体墙"。完成以上两步操作后,在绘图区域左上角会出现"识别砌体墙"面板,该面板中包含"提取砌体墙边线""提取墙标识""提取门窗线"和"识别砌体墙",如图 5-85 所示。

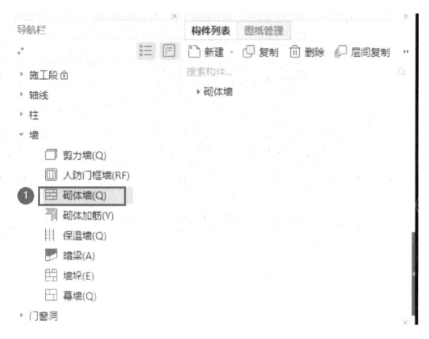

图 5-84

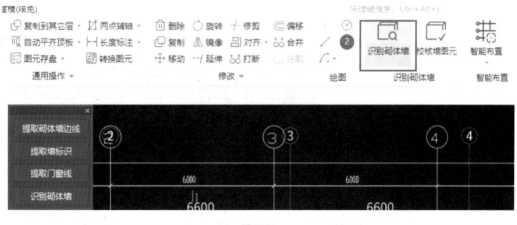

图 5-85

二、识别砌体墙的步骤

通过"识别砌体墙"绘制砌体墙图元主要分为四个步骤:提取砌体墙边线→提取墙标识→提取门窗线→识别砌体墙。

（一）提取砌体墙边线

①单击识别面板上"提取砌体墙边线",利用"单图元选择""按图层选择"或"按颜色选择"的功能选中需要提取的 CAD 砌体墙边线,选中后变成蓝色,此过程也可以点选或框选需

要提取的 CAD 砌体墙边线。②单击鼠标右键确认提取砌体墙边线,提取后的 CAD 砌体墙边线会自动消失并存放在"已提取的 CAD 图层"中,如图 5-86 所示。

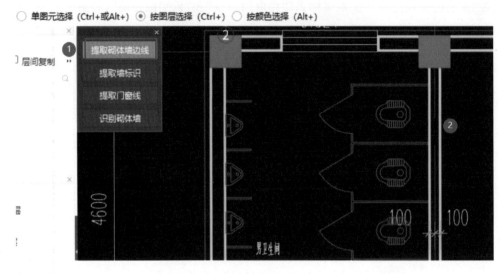

图 5-86

(二)提取墙标识

①单击识别面板上"提取墙标识",利用"单图元选择""按图层选择"或"按颜色选择"的功能选中需要提取的 CAD 砌体墙标识,选中后变成蓝色,此过程也可以点选或框选需要提取的 CAD 砌体墙标识。②单击鼠标右键确认提取砌体墙标识,如图 5-87 所示。

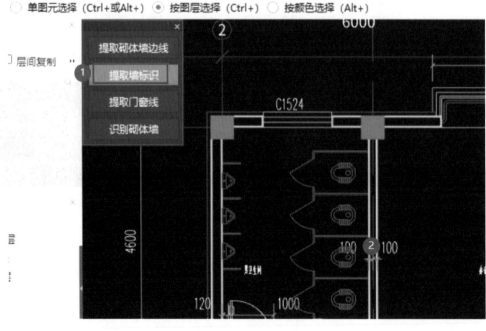

图 5-87

（三）提取门窗线

①单击识别面板上"提取门窗线"，利用"单图元选择""按图层选择"或"按颜色选择"的功能选中需要提取的 CAD 门窗线标识，如图 5-88 所示，选中后变成蓝色，此过程也可以点选或框选需要提取的 CAD 门窗线标识。②单击鼠标右键确认提取门窗线标识。

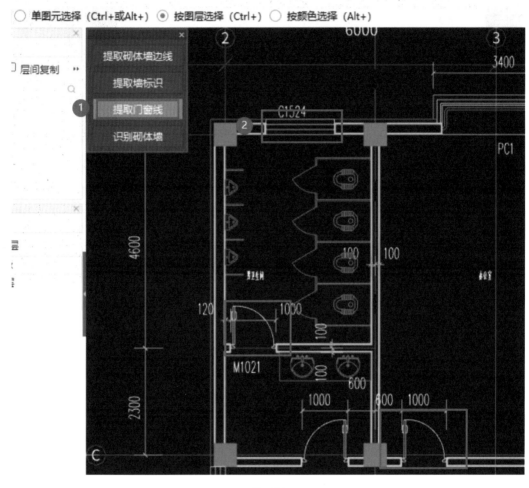

图 5-88

（四）识别砌体墙

①单击识别面板上"识别砌体墙"，弹出"识别砌体墙"选项卡。②确定墙体名称、类型和厚度后（如有偏差可直接修改），可通过单击"自动识别""框选识别""点选识别"的功能识别砌体墙，如图 5-89 所示。

任务九　识别门窗

在建筑工程中，门窗是十分重要的一部分。广联达 BIM 土建计量平台 GTJ2021 在建模过程中，当柱、墙、梁都绘制好后，可以根据 CAD 图纸进行识别门窗表及门窗洞口来绘制门、窗、洞口等构件，本任务结合办公楼案例工程的特点介绍门窗的识别绘制方法。

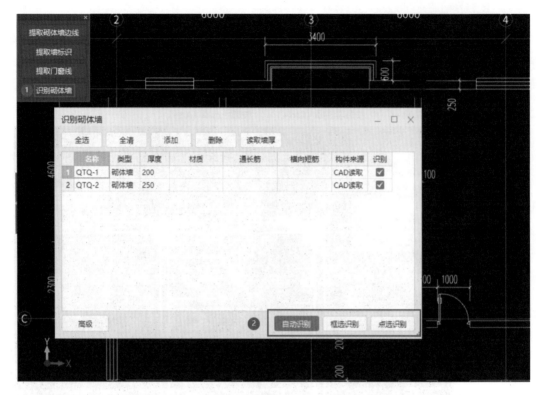

图 5-89

识别门窗

一、识别门窗表

（一）激活"识别门窗表"功能

识别门窗表时，需要先激活"识别门窗表"功能，该操作有三个步骤：①在导航栏中将目标构件定位至"门窗洞-门"，如图 5-90 所示；②在"建模"选项卡界面单击"识别门窗表"，如图 5-91 所示；③打开含有"门窗表"的图纸。案例工程中"门窗表"在"建筑设计总说明"中，如图 5-92 所示。

（二）识别门窗表

①按住鼠标左键拉框选择需要识别的门窗表，选取后单击鼠标右键确定，弹出"识别门窗表"选项卡，如图 5-93 所示。

②校核识别到的门窗洞信息（有误可直接修改），利用"删除行""删除列"功能删除无用的信息，单击"识别"按钮，如图 5-94 所示。

③识别成功后会弹出识别构件数量页面，如图 5-95 所示。

二、识别门窗洞

（一）激活"识别门窗洞"功能

识别门窗洞时，需要先激活"识别门窗洞"功能，该操作有两个步骤：①在导航栏中将目标构件定位至"门窗洞-门"，如图 5-96 所示；②在"建模"选项卡界面单击"识别门窗洞"，如图

图 5-90

图 5-91

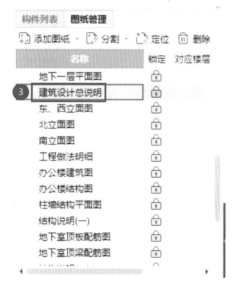

图 5-92

识别门窗表　　　　　　　　　　　　　　　　　　　　　　　　　　　－ □ ✕

↶ 撤消　↷ 恢复　↻ 查找替换　🗗✕ 删除行　🗗 删除列　🗗➜ 插入行　🗗 插入列　🗗 复制行

下拉选择 ▾	名称 ▾	宽度 ▾	高度 ▾	离地高度 ▾	下拉选择 ▾	下拉选择 ▾	下拉选择 ▾	下拉
编号	名称		规格(洞口...					
		宽	高	地下一层	一层	二层	三层	四层
FM甲1021	甲级防火门	1000	2100	2				
FM乙1121	乙级防火门	1100	2100	1	1			
M5021	旋转玻璃门	5000	2100		1			
M1021	木质夹板门	1000	2100	18	20	20	20	20
C0924	塑钢窗	900	2400		4	4	4	4
C1524	塑钢窗	1500	2400		2	2	2	2
C1624	塑钢窗	1600	2400	2	2	2	2	2
C1824	塑钢窗	1800	2400		2	2	2	2
C2424	塑钢窗	2400	2400		2	2	2	2
C5027	塑钢窗	5000	2700			1	1	1

提示:请在第一行的空白行中单击鼠标从下拉框中选择对应列关系

识别　　取消

图 5-93

识别门窗表　　　　　　　　　　　　　　　　　　　　　　　　　　　－ □ ✕

↶ 撤消　↷ 恢复　↻ 查找替换　①🗗✕ 删除行　🗗 删除列　🗗➜ 插入行　🗗 插入列　🗗 复制行

名称 ▾	宽度 ▾	高度 ▾	离地高度 ▾	类型	所属楼层
FM甲1021	1000	2100	0	门	办公楼[1]
FM乙1121	1100	2100	0	门	办公楼[1]
M5021	5000	2100	0	门	办公楼[1]
M1021	1000	2100	0	门	办公楼[1]
C0924	900	2400	600	窗	办公楼[1]
C1524	1500	2400	600	窗	办公楼[1]
C1624	1600	2400	600	窗	办公楼[1]
C1824	1800	2400	600	窗	办公楼[1]
C2424	2400	2400	2400	窗	办公楼[1]
C5027	5000	2700	300	窗	办公楼[1]

提示:请在第一行的空白行中单击鼠标从下拉框中选择对应列关系

② 识别　　取消

图 5-94

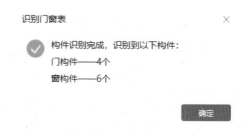

图 5-95

5-97 所示。完成以上两步操作后,在绘图区域左上角会出现"识别门窗洞"工具栏,该工具栏中包含"提取门窗线""提取门窗洞标识""点选识别""框选识别""自动识别"。

图 5-96

图 5-97

(二) 识别门窗洞的步骤

通过"识别门窗洞"绘制门、窗、洞口主要分为三个步骤:"提取门窗线"→"提取门窗洞标识"→"识别"(自动识别、框选识别、点选识别)。

1. 提取门窗线

①单击识别面板上"提取门窗线",利用"单图元选择""按图层选择"或"按颜色选择"的功能选中需要提取的 CAD 门窗线,选中后变成蓝色,此过程也可以点选或框选需要提取的 CAD 门窗线。②单击鼠标右键确认,如图 5-98 所示。(如在识别砌体墙过程中已经提取过的门窗线此时已不需重复提取)

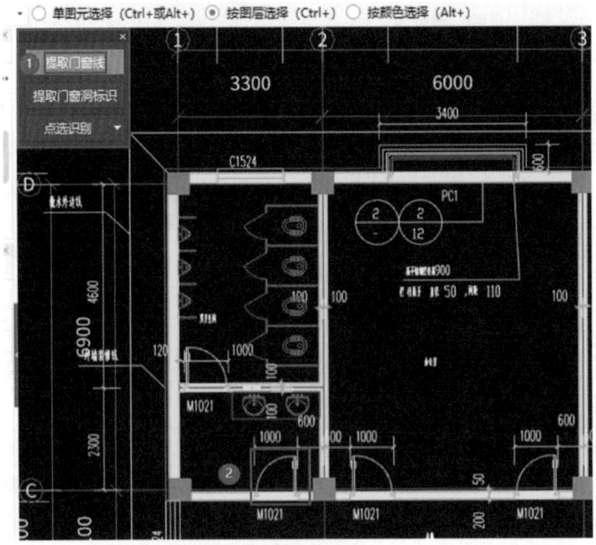

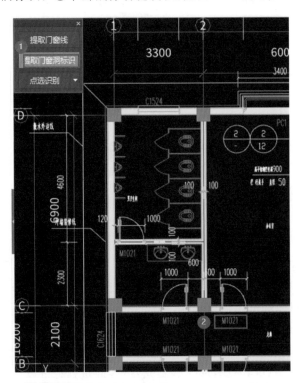

图 5-98

2. 提取门窗洞标识

①单击识别面板上"提取门窗洞标识",利用"单图元选择""按图层选择"或"按颜色选择"的功能选中需要提取的 CAD 门窗洞标识,选中后变成蓝色,此过程也可以点选或框选需要提取的 CAD 门窗洞标识。②单击鼠标右键确认,如图 5-99 所示。

图 5-99

3. 识别门窗洞

门窗洞可以通过"自动识别""框选识别""点选识别"三种方法进行识别绘制。办公楼案例工程以"自动识别"为例,介绍门窗洞的识别方法。

①单击识别面板上的"自动识别",软件会根据所提取到的门窗线和门窗洞标识,及已建立好的门窗构件进行自动识别绘制,如图 5-100 所示。

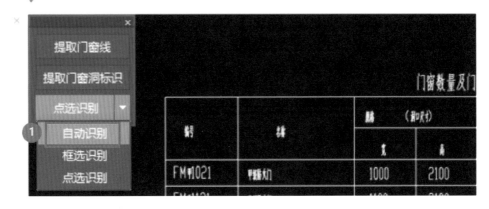

图 5-100

②识别完成后会弹出"识别成功"面板,并显示出已识别到的构件数量,如图 5-101 所示。

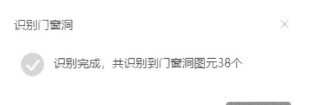

图 5-101

③单击"确定",弹出"校核门窗"选项卡,可修改有误的图元,如图 5-102 所示。

④修改完成后重新点击"建模"选项卡中的"校核门窗",弹出"校核完成"面板,单击"确定",完成识别门窗,如图 5-103、图 5-104 所示。

校核门窗

☑ 缺少匹配构件 ☑ 未使用的标注

门　窗　门联窗

名称	问题描述
1 PC1	缺少匹配构件，已反建。请核对构件属性并修改。
2 PC1	缺少匹配构件，已反建。请核对构件属性并修改。
3 ZJC1	未使用的窗名称，请检查并在对应位置绘制窗图元。
4 ZJC1	未使用的窗名称，请检查并在对应位置绘制窗图元。
5 C1624	未使用的窗名称，请检查并在对应位置绘制窗图元。
6 C1624	未使用的窗名称，请检查并在对应位置绘制窗图元。

图 5-102

图 5-103

图 5-104

任务十　识别装修

建筑装饰装修工程是土建计量与计价中的重要一环，广联达 BIM 土建计量平台 GTJ2021 建模中，可通过识别的方法快速建立房间及房间内楼地面、墙面、墙裙、踢脚、天棚等构件之间的依附关系，极大地提高了绘图效率。识别房间装修表有按房间识别装修表、按构件识别装修表和识别 Excel 装修表三种方式。本任务结合办公楼案例工程的特点介绍室内装修的识别绘制方法。

识别装修

一、按房间识别装修表

图纸中若明确了装修构件与房间的关系,则可以使用"按房间识别装修表"的功能,操作如下。

（一）激活"按房间识别装修表"功能

①双击打开含有"装修表"的图纸,以办公楼案例工程为例,"装修表"在图纸"建筑设计总说明"中,如图5-105所示。

②在导航栏中将目标构件定位到"装修-房间",在"建模"选项卡界面单击"按房间识别装修表",如图5-106所示。

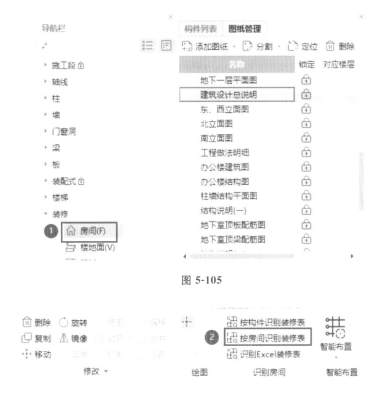

图 5-105

图 5-106

（二）识别装修表

①按住鼠标左键拉框选取需要识别的装修表,选取完成后单击鼠标右键,弹出"按房间识别装修表"选项卡。

②通过"删除行""删除列"的功能删除识别出来的多余信息,识别有误的信息可直接修改,如图5-107所示。

③确认信息无误后,单击"确定",弹出"识别成功"页面,如图5-108所示。

【说明】房间装修表识别成功后,软件会按照图纸上房间与各装修构件的关系自动建立房间并自动依附装修构件,如图5-109所示。

图 5-107

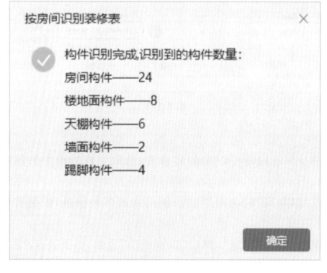

图 5-108

图 5-109

二、按构件识别装修表

当图纸中没有体现房间与房间内各装修之间的对应关系，只给出各构件的所属关系时，我们可以采用"按构件识别装修表"进行识别装修。步骤如下。

（一）激活"按构件识别装修表"功能

①在导航栏中将目标构件定位到"装修-房间"，双击打开建筑设计总说明图，如图 5-110所示。

②在"建模"选项卡界面单击"按构件识别装修表"，如图 5-111 所示。

图 5-110

图 5-111

（二）识别装修表

①按住鼠标左键拉框选取需要识别的装修表，选取完成后单击鼠标右键，弹出"按构件识别装修表"选项卡。

②通过"删除行""删除列"的功能删除识别出来的多余信息，识别有误的信息可直接修改。

③确认信息无误后，单击"确定"，弹出"识别成功"页面，识别完成后软件会提示识别到的构件个数。

三、识别 Excel 装修表

当图纸中没有给出装修表，只给出了外部 Excel 装修表时，我们可以通过"识别 Excel 装修表"的方法来识别装修构件。步骤如下。

（一）激活"识别 Excel 装修表"功能

①在导航栏中将目标构件定位到"装修-房间"，如图 5-112 所示。

②在"建模"选项卡界面单击"识别 Excel 装修表"，如图 5-113 所示，弹出"识别 Excel 装修表"选项卡，如图 5-114 所示。

图 5-112

图 5-113

图 5-114

（二）识别 Excel 装修表

①在"识别 Excel 装修表"选项卡选择识别方式，根据装修表的类型选择采用"按房间识别"或"按构件识别"。

②点击"选择"，选择需要导入的 Excel 装修表，如图 5-115 所示。

③通过"删除行""删除列"的功能删除识别出来的多余信息，识别有误的信息可直接修改。

④确认信息无误后，单击"确定"，弹出"识别成功"页面，识别完成后软件会提示识别到的构件个数，如图 5-116 所示。

图 5-115

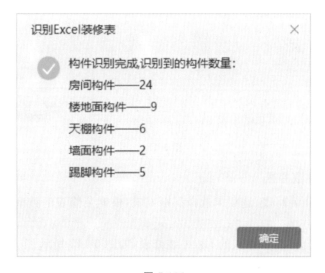

图 5-116

任务十一　构件做法套取及成果输出

识别完装修后,办公楼案例工程建模部分已经完成,接下来需要进行构件的做法套取、建筑模型合法性检查及最后的成果输出。一个完整的工程不仅包括建立模型,最重要的还是套取做法后计算出的工程量及导出的各种表格,便于工程造价企业及从业人员进行造价计算。

一、构件做法套取

构件做法的套取是我们通过软件算量的关键,由于构件做法套取无法通过CAD识别来完成,所以我们还需要对办公楼案例工程进行手动套取构件做法。需要套取做法的构件包括柱、构造柱、梁、板、砌体墙、门窗、楼梯、散水及台阶、装修,具体操作步骤在模块一任务十已有详细介绍,此处不再赘述。

二、模型检查

构件做法套取完成后,我们还需要对模型进行检查,检查的方式还是合法性检查和云检查,检查的方法及详细步骤可参考模块一任务十一相关内容。

三、成果输出

模型检查完成后,我们便可以进行最后的成果输出。成果输出的清单报表、定额汇总表及钢筋相关表格对于所做工程的总造价来说是至关重要的,而通过广联达BIM土建计量平台GTJ2021建模导出报表的步骤主要是:汇总计算→查看报表→导出报表。汇总计算和查看报表的具体操作可参考模块一任务十一相关内容。下面我们将以案例工程办公楼为例,介绍如何导出报表。

（一）导出清单报表

①点击"工程量"选项卡中的"查看报表",弹出"报表"选项卡;②点击"报表"选项卡中"土建报表量";③选择"做法汇总分析"栏中"清单汇总表";④点击"报表"选项卡中"导出",选择"导出到Excel(E)",如图5-117所示;⑤导出完成后软件自动打开所导出的清单汇总表,如图5-118所示。

图 5-117

【说明】导出时选择"导出到Excel(E)",软件会自动导出到Excel表格并打开表格,并将导出文件保存在软件默认目录;选择"导出到 Excel 文件(X)",则需自己选择导出文件的储存位置;选择"导出到 Excel 文件(含图元明细)",则会将数据和图元的编码及位置一并导出。

	A	B	C	D	E	F
1	序号	编码	项目名称	单位	工程量明细	
2					绘图输入	表格算量
3			实体项目			
4	1	010101001001	平整场地	m²	614.4336	
5	2	010101003001	挖沟槽土方	m3	5.5172	
6	3	010101004001	挖基坑土方	m3	936.7907	
7	4	010103001001	回填方	m3	775.8507	
8	5	010103002001	余土弃置	m3	166.4572	
9	6	010401003001	实心砖墙 外墙	m3	210.6915	
10	7	010401003002	实心砖墙 内墙	m3	379.0834	
11	8	010501001001	垫层 砼	m3	26.276	
12	9	010501002001	带形基础 砼 楼梯基础	m3	0.3299	
13	10	010501003001	独立基础 砼	m3	120.974	
14	11	010502001001	矩形柱 砼 C30	m3	139.63	
15	12	010502002001	构造柱 砼 C25	m3	28.2593	
16	13	010503001001	基础梁 砼	m3	39.4266	
17	14	010503004001	圈梁 带形窗下反边 砼	m3	2.9197	
18	15	010503005001	过梁	m3	8.5823	
19	16	010505001001	有梁板 女儿墙反边 砼	m3	2.5219	
20	17	010505001002	有梁板 砼 C30 板	m3	311.7832	
21	18	010505001003	有梁板 砼 C30 梁	m3	140.4498	
22	19	010506001001	直形楼梯 砼	m²	52.3611	
23	20	010507001001	散水 砼	m²	108.084	
24	21	010507004001	台阶 砼	m3	33.9801	
25	22	010507005001	女儿墙上压顶 砼	m3	6.2352	
26	23	010801001001	木质门	m²	168	
27	24	010805002001	旋转门	樘	1	
28	25	010807009001	复合材料窗	m²	278.704	
29	26	010902001001	屋面卷材防水	m²	677.9112	
30	27	010902001002	屋面 水平面积	m²	649.5718	
31	28	010904001001	楼(地)面卷材防水 平面 楼面2	m²	124.3188	
32	29	010904001002	楼(地)面卷材防水 立面 楼面2	m²	40.2195	

清单汇总表 ⊕

图 5-118

(二)导出清单定额汇总表

①点击"工程量"选项卡中的"查看报表",弹出"报表"选项卡;②点击"报表"选项卡中"土建报表量";③选择"做法汇总分析"栏中"清单定额汇总表";④点击"报表"选项卡中"导出",选择"导出到 Excel(E)",如图 5-119 所示;⑤导出完成后软件自动打开所导出的清单定额汇总表,如图 5-120 所示。

(三)导出钢筋定额表

①点击"工程量"选项卡中的"查看报表",弹出"报表"选项卡;②点击"报表"选项卡中"钢筋报表量";③选择"定额指标"栏中"钢筋定额表";④点击"报表"选项卡中"导出",选择"导出到 Excel(E)",如图 5-121 所示;⑤导出完成后软件自动打开所导出的钢筋定额表,如图 5-122 所示。

【说明】当实际工程中需要导出其他报表时,可参考上述报表导出的步骤。

图 5-119

序号	编码	项目名称	单位	工程量明细	
				绘图输入	表格算量
		实体项目			
1	010101001001	平整场地	m²	614.4336	
2	010101003001	挖沟槽土方	m3	5.5172	
3	010101004001	挖基坑土方	m3	936.7907	
4	010103001001	回填方	m3	775.8507	
5	010103002001	余土弃置	m3	166.4572	
6	010401003001	实心砖墙 外墙	m3	210.6915	
7	010401003002	实心砖墙 内墙	m3	379.0834	
8	010501001001	垫层 砼	m3	26.276	
9	010501002001	带形基础 砼 楼梯基础	m3	0.3299	
10	010501003001	独立基础 砼	m3	120.974	
11	010502001001	矩形柱 砼 C30	m3	139.63	
12	010502002001	构造柱 砼 C25	m3	28.2593	
13	010503001001	基础梁 砼	m3	39.4266	
14	010503004001	圈梁 带形窗下反边 砼	m3	2.9197	
15	010503005001	过梁	m3	8.5823	
16	010505001001	有梁板 女儿墙反边 砼	m3	2.5219	
17	010505001002	有梁板 砼 C30 板	m3	311.7832	
18	010505001003	有梁板 砼 C30 梁	m3	140.4498	
19	010506001001	直形楼梯 砼	m²	52.3611	
20	010507001001	散水 砼	m²	108.084	
21	010507004001	台阶 砼	m3	33.9801	
22	010507005001	女儿墙上压顶 砼	m3	6.2352	
23	010801001001	木质门	m²	168	
24	010805002001	旋转门	樘	1	
25	010807009001	复合材料窗	m²	278.704	
26	010902001001	屋面卷材防水	m²	677.9112	
27	010902001002	屋面 水平面积	m²	649.5718	
28	010904001001	楼(地)面卷材防水 平面 楼面2	m²	124.3188	
29	010904001002	楼(地)面卷材防水 立面 楼面2	m²	40.2195	

清单定额汇总表

图 5-120

图 5-121

	A	B	C	D
1	定额号	定额项目	单位	钢筋量
2	A4-236	现浇构件 圆钢筋制安 Φ10以内	t	1.144
3	A4-237	现浇构件 圆钢筋制安 Φ10以上	t	0.435
4	A4-238	现浇构件 螺纹钢制安 二级 Φ10以内	t	
5	A4-239	现浇构件 螺纹钢制安 二级 Φ10以上	t	0.27
6	A4-240	现浇构件 螺纹钢制安 三级 Φ10以内	t	39.145
7	A4-241	现浇构件 螺纹钢制安 三级 Φ10以上	t	73.764
8	A4-242	现浇构件 冷轧带肋钢筋制安 ΦR10以内	t	
9	A4-243	现浇构件 冷轧带肋钢筋制安 ΦR10以上	t	
10	A4-245	现浇构件 冷轧带肋钢筋安装 冷轧带肋钢筋网片	t	
11	A4-246	预制构件 圆钢制安 冷拔低碳钢丝Φ5以下 绑扎	t	
12	A4-247	预制构件 圆钢制安 冷拔低碳钢丝Φ5以下 点焊	t	
13	A4-248	预制构件 圆钢制安 圆钢Φ10以内 绑扎	t	
14	A4-249	预制构件 圆钢制安 圆钢Φ10以内 点焊	t	
15	A4-250	预制构件 圆钢制安 圆钢Φ10以上	t	
16	A4-251	预制构件 螺纹钢制安 二级 Φ10以内	t	
17	A4-252	预制构件 螺纹钢制安 二级 Φ10以上	t	
18	A4-253	预制构件 螺纹钢制安 三级 Φ10以内	t	
19	A4-254	预制构件 螺纹钢制安 三级 Φ10以上	t	
20	A4-255	桩钢筋笼制安 圆钢 Φ10以内	t	
21	A4-256	桩钢筋笼制安 圆钢 Φ10以上	t	
22	A4-257	桩钢筋笼制安 螺纹钢 二级 Φ10以上	t	
23	A4-258	桩钢筋笼制安 螺纹钢 三级 Φ10以内	t	
24	A4-259	桩钢筋笼制安 螺纹钢 三级 Φ10以上	t	
25	A4-317	砖砌体加固钢筋（绑扎）	t	2.403
26	A4-318	砖砌体加固钢筋（不绑扎）	t	
27	软件补01	现浇构件 螺纹钢制安 新三级 Φ10以内	t	
28	软件补02	现浇构件 螺纹钢制安 新三级 Φ10以上	t	
29	软件补03	预制构件 螺纹钢制安 新三级 Φ10以内	t	
30	软件补04	预制构件 螺纹钢制安 新三级 Φ10以上	t	
31	软件补05	桩钢筋笼制安 螺纹钢 二级 Φ10以内	t	
32	软件补06	桩钢筋笼制安 螺纹钢 新三级 Φ10以内	t	

图 5-122

模块三　BIM 计价

项目六　BIM 计价基础知识

BIM 计价是将以三维数字技术为基础,集成了建筑工程项目各种相关信息的工程数据模型,导入 BIM 计价软件,利用 BIM 技术完成各业务阶段数据无缝对接,实现概、预、结、审之间数据一键转化。随着我国科技的进步,建筑行业也在不断地发展,建筑单位开始越来越注重工程项目的成本管控。由一开始需要依据二维图纸完成项目的工程计量和计价逐渐转变为通过 BIM 技术完成三维算量和计价,从需要花费大量的人力和时间转变为更便捷的量价一体,大大提高了效率,减少人力的需求和工作时间。

任务一　BIM 计价基本原理

建筑工程的计价是以工程量为基础来对整个项目的价格进行计算,工程的计价工具也随着信息化技术的不断发展而不断变化,变得越来越便捷,越来越智能化,如图 6-1 所示。

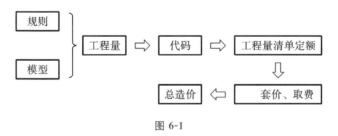

图 6-1

现在的建设项目都是兼具单件性和多样性的集合体。每一个建设项目的建设都需要根据业主的需求进行单独设计、单独施工,由许多单独构件组成,只能通过特殊的计价程序和计价方法,不能直接批量生产和按整体项目确定价格,即需要将整个项目根据结构层次进行分解,可以划分为有关技术经济参数测算价格的基本构造单元,如定额项目、清单项目等,这样就可以清晰地计算出基本构造单元的费用。通常情况下,分解的结构层次越多,基本子项也会越细,计算就更精确。

工程计价的基本原理就在于项目的分解与组合。将建设项目细分至每个最基本的构造单元,找到适当的计量单位及本地近期的信息价或单价,就可以采取一定的计价方法,进行分部组合汇总,计算出相对应的工程造价。通过 BIM 计价可以将三维模型的工程量进行对应的清单编制和定额匹配,智能组价,智能提量,取对应的费率,提高整个文件编制过程的效率,从而达到快速地工程计价。

任务二　BIM 计价软件操作

在进行实际工程招标控制价的编制时,云计价平台 GCCP6.0 是一款为计价客户群提供概算、预算、竣工结算阶段的数据编审、积累、分析和挖掘再利用的平台产品。使用流程如下:①新建项目;②导入 GTJ 文件;③定额换算;④编制措施项目;⑤其他项目清单;⑥调整人、材、机;⑦规费税金计取;⑧成果文件输出。

一、BIM 计价软件介绍

BIM 云计价产品是为建设工程造价领域全价值链人员提供云端＋大数据的数字化转型解决方案的产品,如图 6-2 所示。

图 6-2

利用云＋大数据＋人工智能技术,进一步提升现有国标计价在预算员作业层上的使用体验,利用新技术带来老业务新模式的变化,提升效率及易用性;通过云应用进一步辅助用户上云,数据上云,为后续大数据应用做好铺垫,并向智能计价方向发展。

通过云功能应用,进一步保障用户正版权益;可以建立企业账号与个人账号,为后续数据积累应用做好准备,更好地推动进而发展云应用。

云计价平台界面主要划分成三个区域:导航区、文件管理区和微社区,如图 6-3 所示。

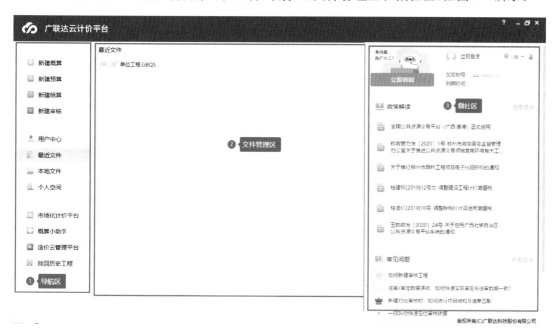

图 6-3

导航区包括三部分:新建区、打开区、造价小工具区。

(1)新建区。

可以新建概算文件、招投标文件、结算文件以及审核文件。

(2)打开区。

①最近文件:显示最近编辑过的工程文件。②本地文件:可以查找放在其他路径下的工程文件。③个人空间:显示个人存储在云空间的工程文件。

(3)造价小工具区。

①概算小助手:可以快速查阅各地概算依据以及相关政策文件。②造价云管理平台:个人数据管理平台,造价数据管理应用专家。③文件管理区主要包括以下功能:通过输入关键字搜索文件(如图 6-4 所示);选定文件预览、打开文件位置、从当前列表删除。④微社区:包含个人信息、学习中心、咨询中心和问题及反馈。

二、BIM 计价软件功能介绍

(一)编制

新建项目后导入 GTJ 文件,可以开始编制文件,如图 6-5 所示。

在算量工程变更后,可在计价软件中"量价一体化"一键更新工程量。"智能组价"会推荐历史组价数据,快速完成组价。智能识别效率和准确度大幅度提升,实现一键智能组价,对不能智能组价的进行手动组价,提高了编制效率,还可以利用"统一调价"调整价格。提供

图 6-4

图 6-5

在线云检查功能,快速分析清单组价的合理性,提高组价准确性,扩大了现有组价数据来源。

（二）报表

软件中提供 3000＋云端海量报表方案;支持 PDF、Excel 在线智能识别搜索,个性化报表直接应用。可以根据需求批量导出或者打印自己所需要的报表,点击"在线报表",可以上传报表模板进行搜索,也可以根据报表名称的关键字进行搜索,如图 6-6 所示。

图 6-6

三、BIM 计价软件操作快捷键

BIM 计价软件操作快捷键如表 6-1 所示。

表 6-1　　BIM 计价软件操作快捷键

云计价平台 GCCP6.0 快捷键			
全选	Ctrl＋A	关闭文档	Ctrl＋E
复制	Ctrl＋C	插入	Ins（笔记本 Win＋Ins）
粘贴	Ctrl＋V	插入清单	Ctrl＋Q
剪切	Ctrl＋X	插入子目	Ctrl＋W
查找	Ctrl＋F	插入标题	Ctrl＋B
撤销	Ctrl＋Z	展开到清单	Alt＋Q
恢复	Ctrl＋Y	展开到子目	Alt＋Z
保存	Ctrl＋S	展开到主材设备	Alt＋S

续表

云计价平台 GCCP6.0 快捷键			
保存所有工程	Ctrl＋Shift＋S	强制修改编码	Ctrl＋T
关闭软件	Alt＋F4	查询	F3
删除	Del	清理工作内容	F9
切换列项	Tab	锁定清单/解锁清单	Ctrl＋L(L-Lock(锁))
取消	Esc	费用查看	Ctrl＋K(K-看(kan))
帮助	F1	新增工程文件	Ctrl＋N(N-NEW)
上一页	Page Up	新增单位工程	Ctrl＋D(D-单位)
下一页	Page Down	选择上一个单位工程	Ctrl＋Page Up
打开右键快捷	Ctrl＋R	选择下一个单位工程	Ctrl＋Page Down
配色方案	F12	插入批注	Ctrl＋P
打开选项	Alt＋F	临时删除/取消 临时删除	Ctrl＋Del (选中对象再选择)
打开	Ctrl＋O	复制格子内容	Ctrl＋Shift＋C (选中对象再选择)
上移	Ctrl＋↑	展开工具栏	Alt＋G
下移	Ctrl＋↓	切换页签	Ctrl＋滚轮(光标放置页签)
放大/缩小编辑区	Ctrl＋滚轮 (光标放置编辑区)	工具	Ctrl＋G

项目七　建筑工程 BIM 计价应用

任务一　新建项目

工程项目按照实体构成分为单项工程、单位工程、分部工程和分项工程。工程造价的计算过程是,分部分项工程造价→单位工程造价→单项工程造价→建设项目总造价。在工程计价里面,我们需要建立三级目录,分别是一级目录工程项目、二级目录单项工程、三级目录单位工程,以方便我们对工程计价的各个构成部分实行精确计算与管理。本节将介绍如何新建工程项目。

一、新建工程项目

打开广联达云计价平台 GCCP6.0,新建工程项目的步骤如下:单击"新建预算",跳转到新建预算界面后,可以看到"招标项目""投标项目""定额项目""单位工程/清单"等项目类型,以招标项目为例,单击"招标项目",选择招标项目后会出现项目信息填写栏,修改新建工程信息,如图7-1所示。

新建项目

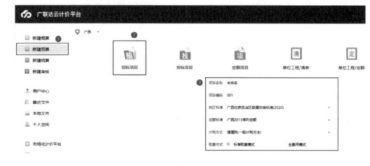

图 7-1

项目名称:办公楼项目。

项目编码:001。

计税方式:增值税(一般计税方法)。

取费方式:标准取费模式。

修改项目信息如图 7-2 所示,修改后单击"立即新建"。

二、新建单项工程

单项工程是一个建设单位中具有独立的设计文件、竣工后可以独立发挥生产能力或工程效益的工程,是建设项目的组成部分。例如,工业企业建设中的各个生产车间、办公楼、仓库等;民用建设中的教学楼、图书馆、学生宿舍楼、住宅楼等。

由于软件已经自动新建了一个单项工程,只需修改名称即可,如图 7-3 所示。

修改单项工程名称,鼠标右键单击二级目录"单项工程",在弹出的菜单中选择"重命名",或选中"单项工程"双击鼠标左键,输入单项工程的名称,确定无误后敲击键盘"Enter"

图 7-2

图 7-3

键即可完成修改,如图 7-4 所示。

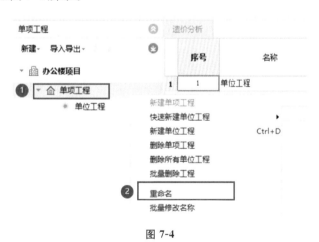

图 7-4

工程项目根据规模大小可分为若干个单项工程,如"学校"为工程项目,则学校里面每一栋独立的建筑物如"教学楼""图书馆""体育馆""食堂"等是工程项目"学校"中分出的若干个

"单项工程"。本项目"办公楼"既可看作一个工程项目,也可看作一个单项工程,故修改为与工程项目名称相同即可,如图 7-5 所示。

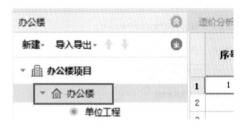

图 7-5

工程项目可由多个单项工程构成,所以单项工程只能在工程项目下新建。如需新建单项工程,鼠标右键单击一级目录工程项目"办公楼项目",在弹出的菜单中选择"新建单项工程",输入单项工程的名称即可完成新建单项工程,如图 7-6 所示。

图 7-6

三、新建单位工程

单位工程是指具有单独设计和独立施工条件,但不能独立发挥生产能力或效益的工程,它是单项工程的组成部分。如本工程"办公楼"的单项工程可由建筑装饰装修工程和安装工程这两个单位工程构成。

鼠标右键单击三级目录"单位工程",选择"快速新建单位工程",再选择新建"建筑装饰装修工程",单击鼠标左键确定,如图 7-7 所示。

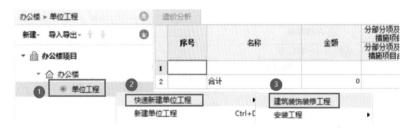

图 7-7

任务二　导入 GTJ 文件

同为广联达旗下产品,云计价 GCCP6.0 与广联达 BIM 土建计量平台通过"量价一体化"的特色功能,建立了计价中清单和算量中工程量的关联关系,实现了快速提量,计价软件中提供核量时反查图形的功能,可快速定位至算量软件,以及算量工程变更后,可在计价软件中一键更新工程量的功能。本任务将介绍如何导入 GTJ 文件、整理清单、项目特征描述、增加清单项。

一、导入 GTJ 文件

导入 GTJ 文件应在分部分项界面下进行。首先单击三级目录单位工程"建筑装饰装修工程",并在右边找到"分部分项"选项,单击鼠标左键即可,如图 7-8 所示。

导入 GTJ 文件

进入"分部分项"界面后,单击功能栏中的"量价一体化"选项,并在弹出的菜单中选择"导入算量文件",如图 7-9 所示。

图 7-8

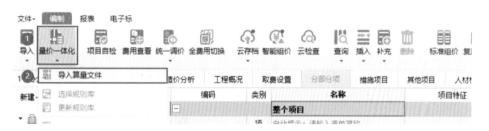

图 7-9

在弹出的"导入算量文件"对话框中选择需要导入的 GTJ 文件,单击"导入"即可,如图 7-10 所示。

等待加载完成,弹出"选择导入算量区域"的对话框,选择"办公楼",勾选"导入做法"(前提是在 GTJ 文件中已经套了清单做法),导入结构根据需要选择,本工程中我们选择"全部",最后单击"确定",如图 7-11 所示。

在弹出的"选择规则库"对话框中,有"个人规则库"和"系统规则库"两个选择。"个人规则库"是需要使用者根据自己的习惯和经验在云计价软件中完成一个项目,并把自己的操作习惯定义成规则库保存,方便以后做项目时使用。而"系统规则库"是软件按照清单定额规费内置的系统规则,初学者可以默认选择。由于没有建立"个人规则库",本工程默认"系统规则库"即可,然后单击"确定",如图 7-12 所示。

等待加载完成,弹出"算量工程文件导入"的对话框,选择"清单项目"和"措施项目"下的所有清单和定额,单击"全部选择"即可快速全选,检查全部清单项和定额项都打勾后,单击导入,如图 7-13 所示。

等待加载完成,即可成功导入。单击"确定"即可,此时 GTJ 文件里的工程量已经按照清单列好在"分部分项"界面中,如图 7-14 所示。

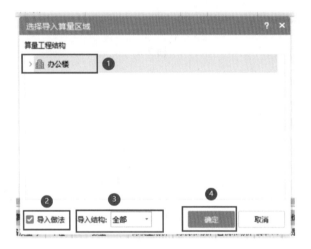

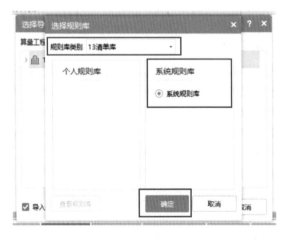

图 7-10

图 7-11

图 7-12

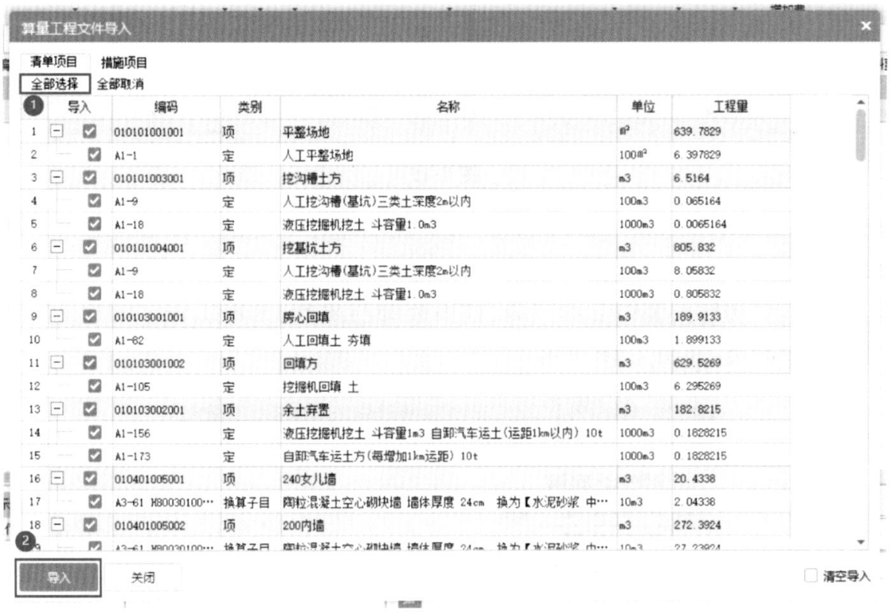

图 7-13

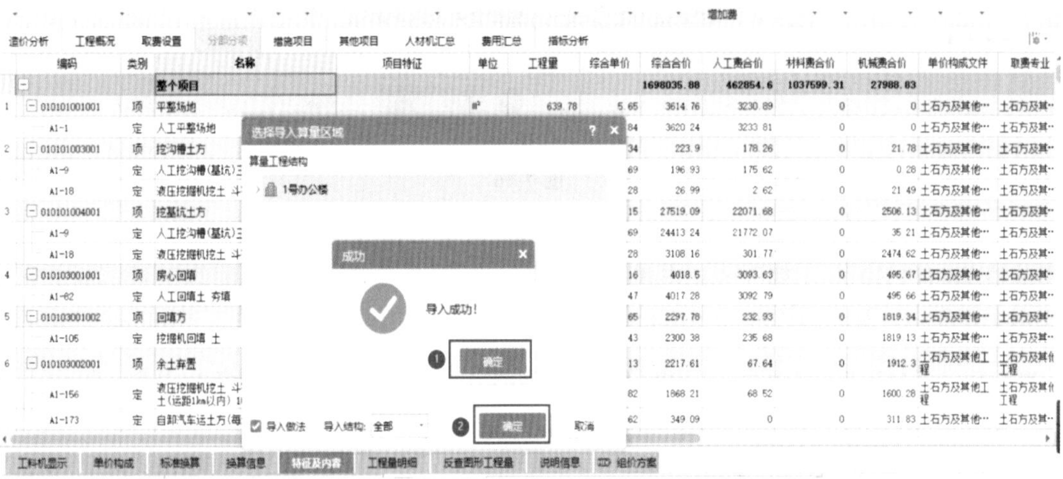

图 7-14

二、整理清单

分部工程是单位工程的组成部分,通常一个单位工程可按其工程实体的各部位划分为若干个分部工程,如房屋建筑单位工程,可按其部位划分为土石方工程、砌筑工程、混凝土及钢筋混凝土工程、屋面工程、装饰工程等。为了方便我们对分项工程进行管理,应对分项工程进行分类,也就对清单项进行分类。

在分部分项界面,找到"整理清单"选项并单击,在弹出的菜单中单击选择"分部整理",如图 7-15 所示。

在弹出的"分部整理"对话框中,有"需要专业分部标题""需要章分部标题""需要节分部

图 7-15

标题"，根据自己的需求勾选。一般我们会勾选"需要章分部标题"，然后单击"确定"即可完成分部整理。软件会按照"土石方工程""砌筑工程""混凝土及钢筋混凝土工程""门窗工程""屋面及防水工程""楼地面装饰工程""墙、柱面装饰与隔断、幕墙工程""天棚工程""其他装饰工程"等对清单归类，如图 7-16 所示。

图 7-16

清单整理完成后，单击其中一个分部工程如"砌筑工程"，即可在右侧显示对应的分项工程的清单，有"240 女儿墙""200 内墙""250 外墙"，都是砖砌体，属于砌筑工程，如图 7-17所示。

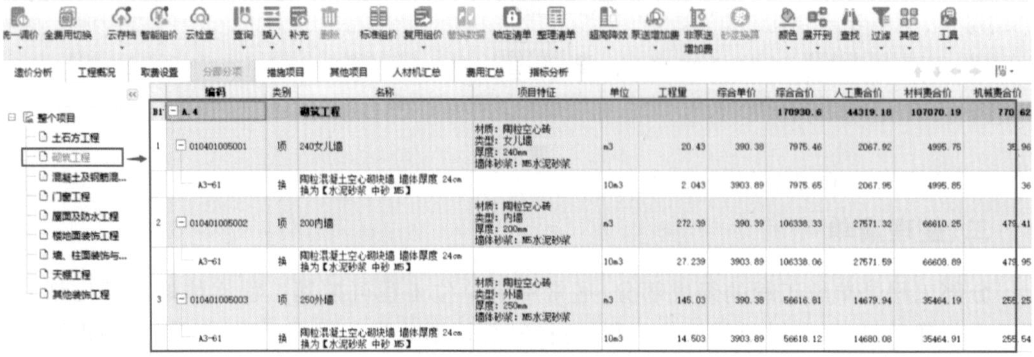

图 7-17

三、项目特征描述

项目特征是工程实体的特征,直接决定工程的价值。为了避免结算时产生争议,有时项目特征还会描述其工作内容。

项目特征描述主要有以下 3 种方法。

①软件中提供了清单所包含的工作内容,当需要描述工作内容时,首先选择需要描述的清单,然后在下方"特征及内容"界面下找到"工作内容"栏,勾选需要的工作内容描述,即可显示到清单"项目特征"填写框中。或在下方"选项"栏中选择"添加位置"及"添加内容",然后单击"应用规则到所选清单"即可快速添加描述内容到清单的"项目特征"填写框中,如图 7-18 所示。

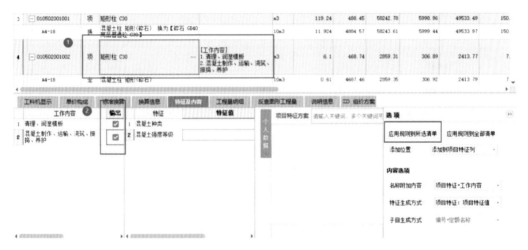

图 7-18

②选择清单项,可以在"特征及内容"界面的"特征"栏中勾选填写对应的特征值并勾选"输出"进行添加或修改来完善项目特征。例如清单编码为"010502001002"的"矩形柱 C30",在混凝土种类中输入"普通商品砼",在混凝土强度等级中输入"C30",如图 7-19 所示。

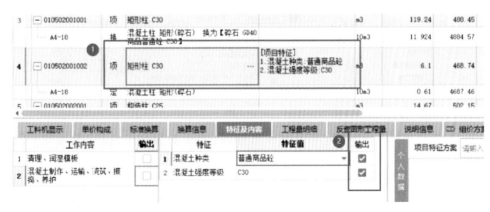

图 7-19

③直接单击清单项中"项目特征"的输入框进行修改或添加,若项目特征文字过多,可单

击输入框旁边的"省略号"按钮 […] ，可以在弹出的"查询项目特征方案"对话框中的"项目特征"栏输入项目特征，输入完成后单击"确定"即可，如图 7-20 所示。

图 7-20

四、增加清单项

完善分部分项清单，将项目特征补充完整，方法如下。

①在工具栏中找到并单击"插入"按钮，在弹出的菜单中选择"插入清单"，如图 7-21 所示。

图 7-21

②选择任意一条清单，单击鼠标右键，在弹出的菜单中选择"插入清单"，如图 7-22 所示。

由于在定额中钢筋是按其等级和直径区分价值的，在算量软件中不需要对钢筋工程量套做法也可导出工程量，故需在云计价软件中补充钢筋的清单并套取对应的定额。本工程"办公楼"主要补充的清单子目有：混凝土及钢筋混凝土工程的现浇钢筋混凝土清单项和钢筋接头清单项（仅供参考），如图 7-23 所示。

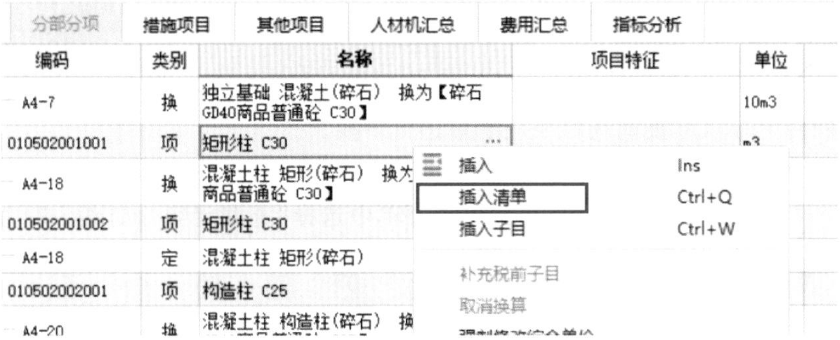

图 7-22

图 7-23

任务三　定额换算应用

　　定额是将一系列人工费、材料费、施工机械使用费、管理费和利润相加取得的综合单价。当实际工程中使用的人工、机械、材料与定额不符合时，应对定额进行换算，使施工图预算应用的定额内容与施工图保持一致。本任务将介绍如何对原项目的工、料、机进行调整，从而改变项目的预算价格，使它符合实际情况。

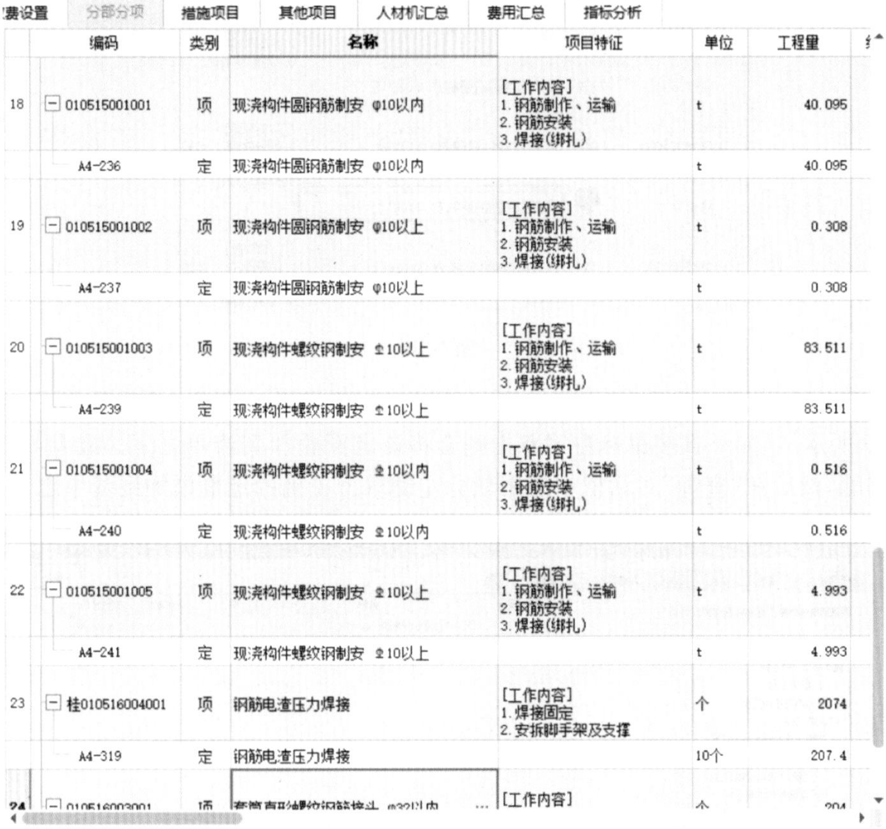

定额换算应用

一、替换子目

根据清单项目特征描述校核套用定额的一致性,如果套用子目不合适,可查询选择相应子目进行替换。

首先选择不合适的定额子目,如"现浇构件圆钢筋制安 φ10 以上",然后单击"查询"并在弹出的菜单中选择"查询定额",如图 7-24 所示。

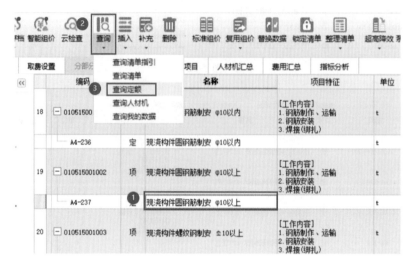

图 7-24

在弹出的"查询"对话框中,根据工程实际情况选择合适的定额,然后单击"替换"即可,如图 7-25 所示。(如果直接鼠标左键双击则会将该定额叠加到清单之下。)或者可以将错误的定额删除,然后在"查询"对话框中使用鼠标左键双击正确的定额添加到清单之下。

图 7-25

二、子目换算

按清单描述进行子目换算时,主要包括以下 3 个方面的换算。

1. 调整人、材、机系数

以余土弃置为例,介绍调整人、材、机系数的操作方法。定额中说明"定额中的机械土方类别是按三类土进行编制的,当实际土壤类别不同时,如果是一、二类土,机械台班乘系数

0.84，如果是四类土，机械台班乘系数 1.14"。本工程原土暂定是三类土，挖基坑（沟槽）时，土方堆置在现场，经过开挖的土方变得松散，已经达不到三类土的强度，故机械台班需乘以 0.84 的系数。

首先选择"标准换算"选项，在换算列表中找到"一、二类土壤 机械[990101005] 含量 *0.84，机械[990701004] 含量 *0.84"，并在右侧方框中打钩即可换算成功，如图 7-26 所示。

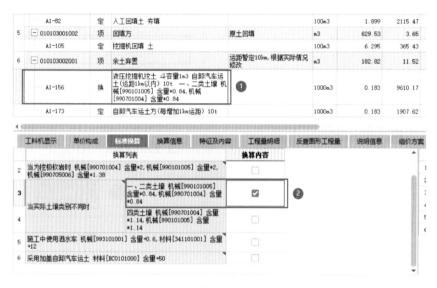

图 7-26

2. 换算混凝土、砂浆强度等级

（1）标准换算。

选择需要换算混凝土强度等级的定额子目，在"标准换算"界面下选择相应的混凝土强度等级，如本项目清单编码为"010501003001"的"独立基础 C30"套用的原定额为"碎石 GD40 商品普通砼 C20"（GD40 表示碎石最大粒径为 40 mm），应换算为"碎石 GD40 商品普通砼 C30"，直到定额类别由"定"变为"换"，说明换算成功，如图 7-27 所示。

图 7-27

（2）批量系数换算。

若清单中的材料进行换算的系数相同，可选中所有换算内容相同的清单项，单击常用功能中的"其他"，选择"工程量批量乘系数"，如图 7-28 所示，在弹出的"工程量批量乘系数"对话框中对定额工程量进行换算，如图 7-29 所示。

图 7-28　　　　　　　　　　　　　　　图 7-29

3. 修改材料名称

若项目特征中要求材料与子目相对应人、材、机中的材料不相符时，需要对材料名称进行修改。下面以钢筋工程按直径划分为例，介绍人、材、机中材料名称的修改。

选择需要修改的定额子目，在"工料机显示"界面下的"规格及型号"一栏备注上直径，如图 7-30 所示。

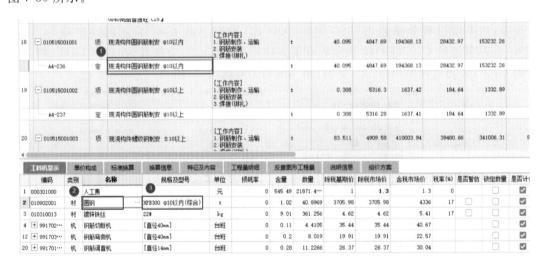

图 7-30

任务四　编制措施项目

措施项目是指为了完成工程施工，发生于该工程施工前和施工过程中的非工程实体项目,主要包括技术、生活、安全等方面,所以措施项目必然成为构成工程总造价的一部分。措施项目又分为单价措施和总价措施,单价措施费就是根据定额子目来计算金额的项目,如脚手架、模板、超高降效费等,总价措施费就是通过基数乘以费率来计算金额的项目,如安全文明施工费、检验试验配合费、雨季施工增加费、提前竣工(赶工补偿)费等。本任务将介绍如何编制措施项目。

一、编制单价措施项目

提取模板项目,正确选择对应模板项目以及需要计算超高的项目。在措施项目界面找到并单击"载入模板"选项,在弹出的"载入模板"对话框中选择"多专业工程",然后点击"确定"即可导入模板,根据工程实际情况给相应的单价措施项目计取费用,如图 7-31 所示。如果是在算量软件中已经给"内脚手架工程"和"混凝土模板及支架(撑)"套取做法再导入云计价软件中,就可以忽略该措施项目的套清单,直接组价即可。

编制措施项目

图 7-31

外脚手架一般不在算量软件中套做法,因此需要在云计价中另外插入清单计费。单击"查询"选项并在弹出的菜单中选择"查询清单",在弹出的"查询"对话框中选择"脚手架工程"中的"外脚手架",双击鼠标左键即可点选到措施项目列表中,再根据工程实际情况选择合适的外脚手架定额。外墙脚手架工程量计算按外墙外围长度(应计凸阳台两侧的长度,不计凹阳台两侧的长度)乘以外墙高度,再乘以 1.05 系数计算。门窗洞口及穿过建筑物的车辆通道空洞面积等,均不扣除,并把计算出的工程量输入清单对应的位置,如图 7-32 所示。

二、编制总价措施项目

本工程安全文明施工措施费足额计取,在对应的计算基数和费率一栏中填写即可。

找到"安全文明施工费"一栏,在费率的空格中,单击倒三角形弹出按钮,根据工程的总建筑面积确定"S"的范围,并在右侧根据工程的实际位置所在的行政区划等级确定"费率值",鼠标左键双击费率数字即可,如图 7-33 所示。

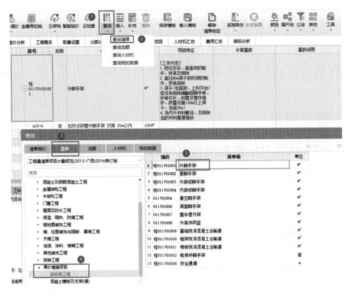

图 7-32

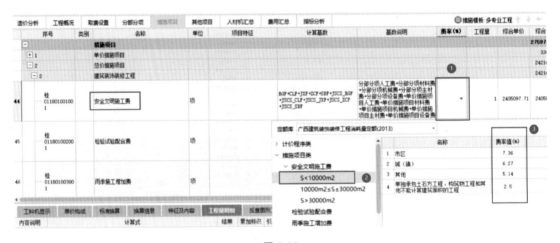

图 7-33

依据定额计算规则,选择对应的二次搬运费费率和夜间施工增加费费率。本工程不考虑二次搬运、夜间施工及冬雨季施工。

任务五　其他项目清单

其他项目
清单

在当前工程建设实际中,尤其在工程招投标或签订施工合同时,其他项目清单中所涉及的费用或数量的不确定因素较多,各类其他项目清单还不能确定是否一定具有费用支出,以及其费用支出属于实体消耗还是属于措施项目费用,为了避免在工程结算过程中产生大量纠纷,需要重视其他项目清单费用的计取和管理。其他项目包括暂列金额、专业工程暂估价、计日工费用、总承包服务费等。本任务将介绍如何设置其他项目清单。

一、添加暂列金额

暂列金额是指招标人在工程量清单中暂定并包括在合同价款中的一笔款项。用于施工合同签订时尚未确定或者不可预见的所需材料、设备、服务的采购,施工中可能发生的工程变更、合同约定调整因素出现时的工程价款调整及发生的索赔、现场签证确认等的费用。暂列金额通常为工程量清单中分部分项工程费的 10%～15%,投标报价时应按招标工程量清单中列出的金额填写,不得变动。

按本工程招标控制价编制要求,本工程暂列金额取 100 万元,并且列入建筑工程专业(本项目只计取建筑装饰装修工程总工程造价,不考虑安装工程费用)。

首先在"其他项目"界面下,找到"暂列金额"项,在名称处输入"暂估工程价"或直接输入"暂列金额",在计量单位处选择单位为"元",在暂列金额处输入"1000000"即可成功添加暂列金额,如图 7-34 所示。

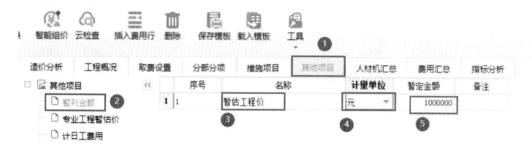

图 7-34

二、添加专业工程暂估价

专业工程暂估价即指发包人在工程量清单中给定的用于支付必然发生但暂时不能确定价格的材料、设备以及专业工程的金额。专业工程暂估价是根据工程实际和招标文件要求估算。投标报价时应按招标人列出的金额填写,不得更改。根据招标文件,本工程幕墙(含预埋件)为专业暂估工程,暂估工程价为 80 万元。

首先在"其他项目"界面下找到"专业工程暂估价"项,按招标文件内容,幕墙工程(含预埋件)为专业暂估工程,在工程名称中输入"玻璃幕墙工程",在金额中输入"800000",单位默认为"元",无须另外设置,如图 7-35 所示。

图 7-35

三、添加计日工

计日工是在施工过程中,承包人完成发包人提出的工程合同范围以外的零星项目或工作,按合同中约定的单价计价的一种方式。计日工综合单价应包含除税金以外的全部费用。

计日工是合同以外的项目,在实际工程中存在这笔费用时,会以签证的形式计取,在竣工结算时才计入总工程造价。本工程为"办公楼"招标预算,故不需计取费用。

如若是在竣工结算阶段并且存在计日工费用,可根据实际情况,在"其他项目"界面下找到"计日工费用"项,在左边一次输入人、材、机,以及相关系数(系数在费用定额中查询),如图 7-36 所示。

	序号	名称	单位	数量	单价	费率	综合单价	综合合价	备注
1		计日工费用						5811.21	
2	1	人工						2574	
3		木工	工日	10	66	1.3	85.8	858	
4		瓦工	工日	10	66	1.3	85.8	858	
5		钢筋工	工日	10	66	1.3	85.8	858	
6	2	材料						2821	
7		砂子	m³	5	89	1.3	115.7	578.5	
8		水泥	t	5	345	1.3	448.5	2242.5	
9	3	施工机械						416.21	
10		载货汽车(载重质量2t)	台班	1	320.16	1.3	416.21	416.21	

图 7-36

四、总承包服务费

总承包服务费是总承包人为配合协调发包人进行的专业工程发包,对发包人自行采购的材料等进行保管以及施工现场管理、竣工资料汇总整理等服务所需的费用。一般包括总分包管理费、总分包配合费、甲供材料的采购保管费。

总承包服务费应根据招标工程量清单列出的内容和要求,按当地建设主管部门颁发的计价定额及有关规定计算。

任务六　调整人、材、机

定额是指从总体的生产工作过程来考查,规定出社会平均必需的消耗数量标准,但人、材、机价格与定额价都在不断变化,为了使工程造价符合实际,所以要进行调整。因定额本身无法每年发行一次,为了更准确地掌握建材市场动态,当地造价管理部门会分月或季度发布建材价格信息,即为信息价。

调整人、
材、机

信息价是政府造价主管部门根据各类典型工程材料用量和社会供货量,通过市场调研经过加权平均计算得到并对外公布的平均价格,属于社会平均价格。因此,一般可看作预算价格。本任务将介绍如何调整人、材、机费用。

一、调整人、材、机汇总

人、材、机汇总界面汇总了分部分项工程和措施项目等所涉及定额的人工、材料和机械，在此界面调整可以一次性修改定额的人、材、机。

首先来到"人、材、机汇总"界面，根据项目所在地信息价，更改每一项人、材、机的"除税市场价"，修改后价格显示为红色或绿色，且背景颜色变成黄色。价格变红色表示修改后的价格高于定额价格，绿色则表示低于定额价格，如图 7-37 所示。

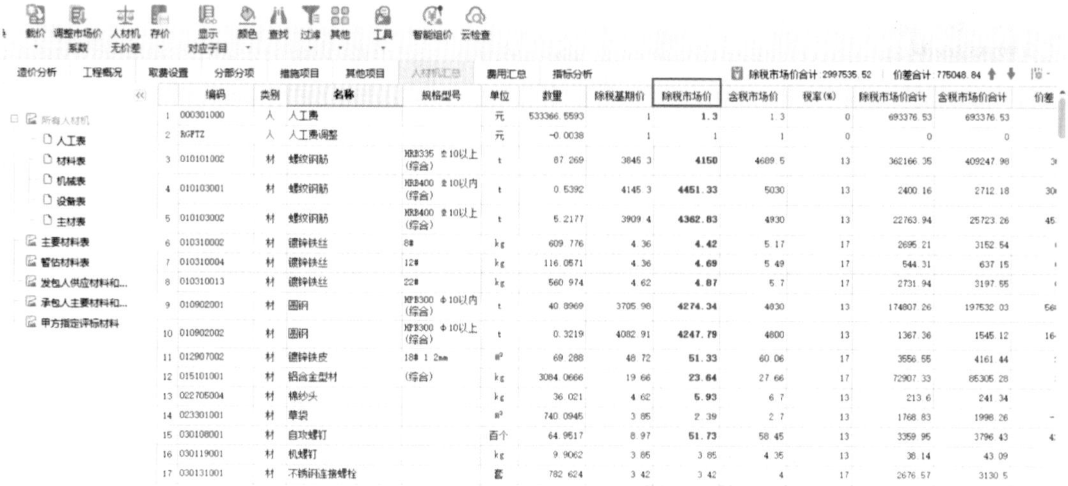

图 7-37

二、修改供货方式

根据招标文件要求，若发包人提供材料，则应在供货方式上修改。

如本工程中"螺纹钢筋 HRB335 ϕ 10 以上（综合）"为发包人提供材料（该材料为二级螺纹钢筋，直径大于 10 mm），则在对应的材料上找到"供货方式"的填写框，鼠标单击填写框位置即可显现倒三角形弹出按钮，点击倒三角形弹出按钮即可在弹出菜单中选择"甲供材料"，并且可以在"甲供数量"填写框中填写发包人供应该材料的数量，如图 7-38 所示。

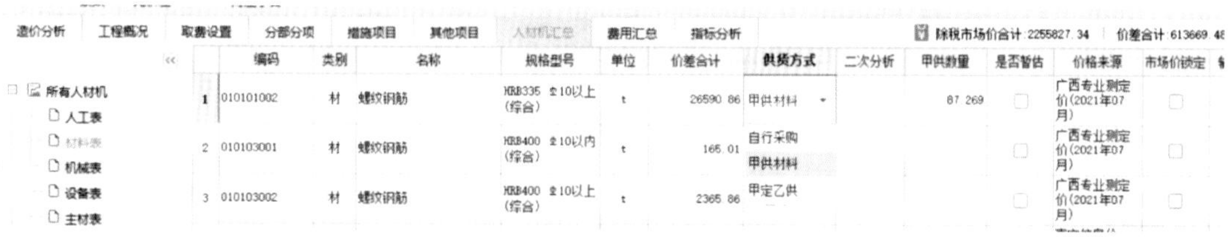

图 7-38

选择完成后可在"发包人供应材料和设备"处找到已经修改的材料和设备，如图 7-39 所示。

图 7-39

三、添加暂估材料

暂估材料是指发包人在工程量清单中给定的用于支付必然发生但暂时不能确定价格的材料。一般是依据相关合同约定,甲乙双方确认材料价格后计入结算。在人、材、机汇总界面,有一项是材料是否暂估,在对应的材料勾选即可把暂估价的材料和其他材料区分开,如图 7-40 所示。

	编码	类别	名称	规格型号	单位	二次分析	甲供数量	是否暂估
1	000301000	人	人工费		元			
2	RGFTZ	人	人工费调整		元			
3	010101002	材	螺纹钢筋	HRB335 ±10以上(综合)	t		87.269	☑
4	010103001	材	螺纹钢筋	HRB400 ±10以内(综合)	t			☐
5	010103002	材	螺纹钢筋	HRB400 ±10以上	t			☐

图 7-40

选择完成之后可以在"暂估材料表"处找到暂估的材料,如图 7-41 所示。

	关联	材料号	材料名称	规格型号	单位	数量	除税暂定价	含税暂定价	税率(%)	除税暂定价合计
1	✓	010101002	螺纹钢筋	HRB335 ±10以	t	87.269	4150	4689.5	13	362166.35

图 7-41

任务七　规费、税金计取

规费是根据国家法律、法规规定,由省级政府或省级有关权力部门规定,施工企业必须缴纳的,应计入建筑安装工程造价的费用。规费由社会保险费、住房公积金和工程排污费等构成。税金是指按国家税法规定的应计入建筑安装工程造价内的营业税、城市维护建设税、教育费附加及地方教育附加等。本任务将介绍如何计取规费、税金。

规费、税金计取

一、查看费用汇总

通过"费用汇总"界面,我们可以直观地看到构成总工程造价的各个部分的费用,当我们发现总工程造价的金额过大或过小,不符合实际时,可在此界面查看是哪一部分的计费出了问题,便于缩小范围查改。在"费用汇总"界面下,不仅可以查看总工程造价的费用来源,还可以计取规费。

费用定额中规定,规费是由基数乘费率得出来的,云计价已经根据费用定额把计算基数的公式输入"计算基数"列当中,我们只需输入正确的费率即可,如图7-42所示。

图 7-42

云计价也已经把费用定额中规定的费率录入软件当中,例如"养老保险费"的费率是"17.22%"。如果招标文件对规费没有特别要求,我们只需选择软件提供的费率,无须另外填写。

单击费率填写框右侧会显现出倒三角形弹出按钮,点击即可弹出费率选择窗口,双击"费率值"即可选中,如图7-43所示。

图 7-43

费用定额中规定税金也是由基数乘费率得出来的,选择软件提供的费率,即可计取税金，如图 7-44 所示。

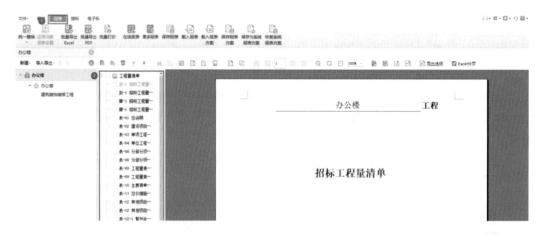

图 7-44

二、查看报表

鼠标单击"报表"页签即可切换到报表功能界面下，云计价根据用户需求提供了一系列报表，如分部分项工程与单价措施项目清单与计价表等，单击对应表格名称即可在右侧预览该表格，如图 7-45 所示。

图 7-45

云计价还支持修改报表样式，只需选择需要修改的报表名称，鼠标单击"设计"功能键即可进入设计界面，在设计界面可以像 Excel 电子表格一样修改行高和列宽的数值、字体的样式、字号的大小、字体颜色和背景颜色等等，如图 7-46 所示。

云计价提供导出报表功能，勾选需要导出的报表，找到导出键，如图 7-47 所示。

云计价支持导出 PDF 形式的报表，导出键从左到右依次为"导出 Excel""导出 Excel 文件""导出到已有 Excel 表""导出为 PDF"，单击第二个导出按钮可以把选中的报表合成在一个 Excel 文件中，是比较常用的导出功能。当第一次导出 Excel 文件时，漏选了某一张报表，则可以单击第三个导出按钮，把漏选的表格导入到已有的 Excel 文件中。单击第四个导出

分部分项工程和单价措施项目清单与计价表

工程名称：办公楼　　　　　　　　　　　　　　第 1 页　共 10 页

图 7-46

按钮即可导出为 PDF 格式的报表。

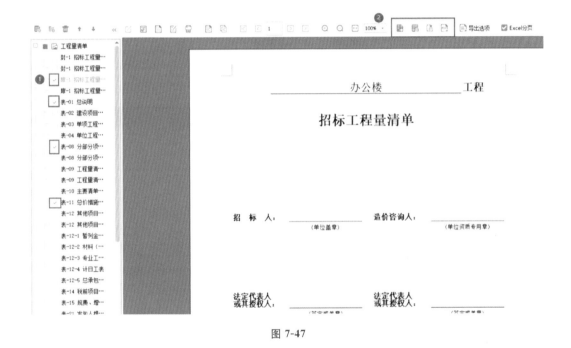

办公楼　　　　　　　工程

招标工程量清单

招 标 人：_____　　造价咨询人：_____
　　　　　　（单位盖章）　　　　　　　　　（单位资质专用章）

法定代表人　　　　　　　　　　　法定代表人
或其授权人：_____　　或其授权人：_____

图 7-47

任务八　成果文件输出

工程计价的最后一步就是输出成果文件，以招标为例，则需导出招标书，广联达云计价 GCCP6.0 支持生成电子招标文件。为了保证预算书的造价准确性和内容完整性，需要对工程进行检查。本任务将介绍如何使用软件的自检功能以及生成标书。

一、项目自检

项目自检功能可以对项目清单编码的唯一性以及项目相同清单综合单价唯一性进行检查，还能对招标人、招标代理、建设单位、编制时间、复核时间和招标方法定代表人或其授权人等标段信息是否为空进行检查。

成果文件
输出

首先单击"编制"切换到编制页签，点击一级目录"办公楼"，然后在右侧找到"造价分析"并单击，在工具栏中即可找到"项目自检"功能，如图 7-48 所示。

清单编码以 12 位阿拉伯数字表示。其中 1、2 位是专业工程顺序码，3、4 位是附录顺序

图 7-48

码,5、6 位是分部工程顺序码,7、8、9 位是分项工程顺序码,10、11、12 位是清单项目名称顺序码。而且清单编码具有唯一性,即每一条编码对应一个清单,在清单计价模式,编制招标工程量清单时,很难避免删除增加清单项,但反复修改后,可能造成清单编码重复,或者清单编码不连续,使用项目自检功能即可查询出重复的编码。

在弹出的"项目自检"对话框中,首先在"设置检查项"中勾选需要检查的事项,然后单击"执行检查"即可,如图 7-49 所示。

图 7-49

还可通过"云检查"判断工程造价计算的合理性。

在"编制"页签下,点击一级目录"办公楼",然后在右侧找到"造价分析"并单击,在工具栏中即可找到"云检查"功能,如图 7-50 所示。

二、生成招标书

电子招投标是以数据电文形式完成的招标投标活动。通俗地说,就是部分或者全部抛

图 7-50

弃纸质文件,借助计算机和网络完成招标投标活动。电子标书是指能够取代纸质标书,且与纸质标书具有同等功能和法律效力的标书电子文件。云计价软件支持导出电子标书。

首先在"电子标"页签下,单击"生成招标书",如图 7-51 所示。

图 7-51

在弹出的"导出标书"对话框中,在右上角的三点省略符 ⋯ 中选择文件导出的位置,标书的类型有"招标文件-工程量清单""招标控制价—详细到清单综合单价(不含子目和工料机)"和"招标控制价—详细到工料机"三种,首先标书中必须包含"工程量清单",所以第一项是必选的,第二、第三项就是"招标控制价",区别在于清单下是否包含定额子目以及定额中包含详细的人、材、机信息,根据需求选择"招标控制价"的类型即可"确定"导出,如图 7-52 所示。

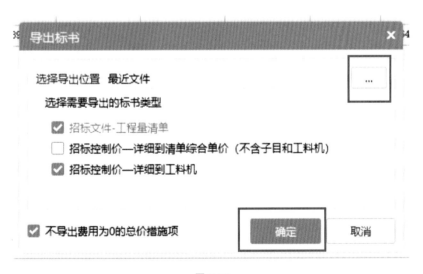

图 7-52

在招标书生成之前,软件会自动友情提醒:"'生成标书之前,最好进行自检',以免出现不必要的错误!"假如未进行项目自检,则可单击"是",进入"项目自检"界面;假如已进行项目自检,则可单击"否",如图 7-53 所示。

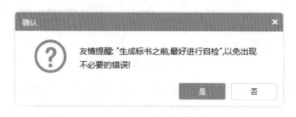

图 7-53

模块四　工程造价1＋X(BIM)考试

项目八　工程造价1＋X(BIM)考试概述

　　自2019年开始,国务院印发《国家职业教育改革实施方案》当中为了夯实学生的基础知识,也为了提高毕业生的就业能力,提出了在职业院校、应用型本科高校启动"学历证书＋若干职业技能等级证书"制度试点(1＋X证书制度试点)工作。推进"1"与"X"的融合,其中"1"代表学历证书,是作为一个大学生的根本;"X"代表职业技能等级证书,是作为职业技能的强化、拓展,如图8-1所示。该方案使所有职业院校、应用型本科高校不断创新培养综合性人才,深化改革,产教融合,将专业教学、课程内容等与相关职业技能相结合,大力推进BIM技术人才的培养。

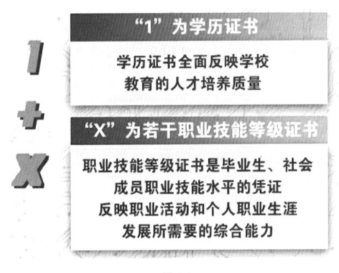

图 8-1

　　"1＋X"考试级别中,中职为报考初级的最低条件,高职为报考中级的最低条件,本科为报考高级的最低条件,而不是只针对职业类院校,因此本科学生可以参与中级到高级所有级别的考试。行业从业者经过培训后也可以参加考试,在校经过培训的行业人员可参与初级考试,在校培训过且具有1年BIM相关工作经验的行业人员可参与中级考试,培训过且具有3年BIM相关工作经验的行业人员可参与高级考试。"1＋X"BIM证书的含金量相比其他行业性质的BIM证书高得多,它是由教育部主导,多部委联合推进的职业技能等级证书。

　　建筑行业是我国国民经济的重要支柱行业,而BIM技术也随着社会科技的发展不断进步和成熟,在现实中的应用也越来越广泛。BIM技术带来的巨大价值得到了各个国家和地方政府的重视,与此同时,我国住房和城乡建设部针对BIM技术的推广应用做出了有关指导意见或技术标准。对于工程造价专业的毕业生既是一个机遇,也是一个考验,必须顺应时代的发展,达到 BIM 技术应用型人才的要求,才能更快地适应建筑企业的岗位,成为合格的专业 BIM 技术员。目前,大多数建筑企业都非常愿意吸收持有"1＋X"BIM 证书的工程造价专业人员,可见在建筑企业当中"1＋X"BIM 证书的认可度也是比较高的,证书如图 8-2所示。

图 8-2

项目九　工程造价1＋X(BIM)考试标准

"1＋X"BIM职业技能等级考试分为初级、中级、高级三个等级,其中中级有明确专业划分,具体分为城乡规划与建筑设计类专业、结构工程类专业、建筑设备类专业、建设工程管理类专业。

任务一　职业技能等级划分

工程造价数字化应用职业技能等级分为初级、中级、高级三个等级,三个级别依次递进,高级别涵盖低级别职业技能要求。

【工程造价数字化应用】(初级):能够准确识读建筑施工图、结构施工图等工程图样;能够依据房屋建筑与装饰工程等工程量计算规则和建筑行业标准、规范、图集,运用工程计量软件数字化建模,计算土建工程、钢筋工程等工程的工程量。

【工程造价数字化应用】(中级):能够准确识读建筑施工图、结构施工图等工程图样;能够依据房屋建筑与装饰工程工程量计算规则和建筑行业标准、规范、图集,运用工程计量软件数字化建模,计算土建、钢筋、装配式构件等工程量,编制清单工程量报表;能够计算措施项目费、规费、税金等项目,能够进行组价、人材机价差调整,编制工程造价文件。

【工程造价数字化应用】(高级):能够对工程量指标和价格指标进行分析;能够对施工过程中的进度款进行管理,能够进行竣工结算,编制造价报告。

任务二　职业技能等级要求描述

工程造价数字化应用职业技能等级要求如表9-1～表9-3所示。

表 9-1　工程造价数字化应用职业技能等级要求(初级)

工 作 领 域	工 作 任 务	职业技能要求
1. 土建工程量计算	1.1 土建工程数字化建模	1.1.1 能准确识读建筑施工图、结构施工图; 1.1.2 能够依据图纸信息,在工程计量软件中完成工程参数信息设置; 1.1.3 能够依据图纸信息在工程计量软件中搭建三维算量模型; 1.1.4 能够基于建筑信息模型对三维算量模型进行应用及修改
	1.2 土建工程三维算量模型校验	1.2.1 能够对工程模型的合理性和完整性进行自定义范围检查; 1.2.2 能够依据工程模型数据接口标准,完成相关专业模型的数据互通; 1.2.3 能够利用历史工程数据、企业数据库或行业大数据对工程量指标合理性、工程量结果准确性进行校验

工 作 领 域	工 作 任 务	职业技能要求
1. 土建工程量计算	1.3 土建工程清单工程量计算汇总	1.3.1 能够正确使用清单工程量计算规则,利用工程计量软件计算基础工程和主体结构工程、装饰装修工程等工程量; 1.3.2 能对工程模型进行实体清单做法的套取; 1.3.3 能够应用工程计量软件,按楼层、部位、构件、材质等清单项目特征需求提取土建工程量; 1.3.4 能够依据业务需求完成土建数据报表的编制
2. 钢筋工程量计算	2.1 钢筋工程数字化建模	2.1.1 能准确识读结构施工图; 2.1.2 能够依据图纸信息在工程计量软件中搭建三维算量模型; 2.1.3 能够基于建筑信息模型对三维算量模型进行应用及修改
	2.2 钢筋工程三维算量模型校验	2.2.1 能够对工程模型的合理性和完整性进行自定义范围检查; 2.2.2 能够运用历史工程数据、企业数据库或行业大数据对工程量结果准确性进行校核; 2.2.3 能够利用历史工程数据、企业数据库或行业大数据对工程量指标合理性进行校核
	2.3 钢筋工程清单工程量计算汇总	2.3.1 能够依据平法图集,利用工程计量软件计算梁、板、柱和基础等构件钢筋工程量; 2.3.2 能够应用工程计量软件,按楼层、部位、构件、规格型号等需求提取钢筋工程量; 2.3.3 能够依据业务需求完成钢筋数据报表的编制

表 9-2　工程造价数字化应用职业技能等级要求(中级)

工 作 领 域	工 作 任 务	职业技能要求
1. 建筑工程工程量计算	1.1 建筑工程数字化建模	1.1.1 能准确识读建筑施工图、结构施工图; 1.1.2 能够依据图纸信息,在工程计量软件中完成工程参数信息设置; 1.1.3 能够利用图纸识别技术在工程计量软件中将工程图纸文件转换为三维算量模型; 1.1.4 能够基于建筑信息模型对三维算量模型进行应用及修改; 1.1.5 能够应用软件实现预制柱、预制墙、叠合梁、叠合板等装配式构件的模型创建

工作领域	工作任务	职业技能要求
1. 建筑工程工程量计算	1.2 建筑工程三维算量模型检查核对	1.2.1 能够对工程模型的合理性和完整性进行自定义范围检查； 1.2.2 能够依据工程模型数据接口标准,完成相关专业模型的数据互通； 1.2.3 能够利用历史工程数据、企业数据库或行业大数据对工程量指标合理性、工程量结果准确性进行校核
	1.3 建筑工程清单工程量计算汇总	1.3.1 能够依据清单工程量计算规则、平法图集,利用工程计量软件计算土建工程量及钢筋工程量； 1.3.2 能对工程模型进行实体清单做法的套取； 1.3.3 能够利用建筑面积确定脚手架、混凝土模板、垂直运输和超高施工增加等项目的计量； 1.3.4 能够应用工程计量软件,依据清单项目特征需求提取工程量； 1.3.5 能够依据业务需求完成工程量数据报表的编制
2. 工程量清单编制	2.1 基于图纸的工程量清单编制	2.1.1 能够依据招标文件,依据施工图,完成分部分项工程量清单的编制； 2.1.2 能够依据施工图纸及施工工艺,完成补充清单项目的编制； 2.1.3 能够依据施工图纸及施工方案,完成通用措施清单项和专用措施清单的编制； 2.1.4 能够依据招标文件及招标规划、概算文件等资料,完成其他项目清单下各清单项的编制； 2.1.5 能够依据清单规范、财税制度和地区造价指导文件等资料,完成规费和税金项目的设置； 2.1.6 能够根据地区招标规定,对接政府行政主管部门相关服务信息平台,生成并导出电子工程量清单
	2.2 模拟工程量清单的编制	2.2.1 能够依据招标文件确定模拟工程量清单的项目； 2.2.2 能够正确选择模拟工程所需清单范本或对标项目工程量清单； 2.2.3 能够对参照工程与模拟工程的差异进行比较,对工程量进行调整； 2.2.4 能够依据工程建设需求、初步设计图等资料,编制模拟工程量清单
	2.3 工程量清单检查	2.3.1 能够利用工程计价软件对给定工程量清单进行检查,确认清单列项是否存在重复、清单描述和内容不全面等现象,并进行修改； 2.3.2 能够对标历史同类工程和施工图纸,检查清单列项是否漏项,并进行补充完善； 2.3.3 能够对标施工方案和施工图纸,检查工程量清单的特征描述内容准确性、合理性、全面性,并进行完善修改

续表

工 作 领 域	工 作 任 务	职 业 技 能 要 求
3. 工 程 造 价 确定	3.1 清单组价	3.1.1 能够基于历史工程数据、企业数据库或行业大数据对清单进行组价； 3.1.2 能根据工程量清单计价规范及地区定额文件，按照清单项项目特征描述，完成工程量清单综合单价的编制； 3.1.3 能依据项目特征描述完成清单定额子目的换算； 3.1.4 能够合理使用类似工程的组价数据及价格数据快速组价； 3.1.5 能够运用工程计价软件完成暂列金额、暂估价和总承包服务费的计算
	3.2 人、材、机费用调整	3.2.1 能运用信息化平台对材料、设备价格进行收集、筛选及合理性分析，确定合理材料、设备价格； 3.2.2 能够依据给定的材料、设备信息，应用工程计价软件完成整个项目文件的材料、设备价格调整； 3.2.3 能够依据材料设备的来源正确选择供货方式； 3.2.4 能够根据业务要求，运用工程计价软件调整材料设备价格、可竞争费用
	3.3 数据校验	3.3.1 能对招投标预算文件的规范性、合理性、完整性进行自检并调整； 3.3.2 能够应用历史数据或行业大数据进行清单综合单价检查、组价错套漏套检查； 3.3.3 能运用信息化工具建立个人以及企业的工程指标数据、组价以及材料价格信息数据； 3.3.4 根据企业价格数据库信息化要求，应用数据化平台，收集整理录入个人以及企业投标报价，逐步形成投标报价信息化数据库并应用； 3.3.5 能运用相关软件平台对工程数据实时监控
	3.4 编制计价文件	3.4.1 能够运用工程计价软件生成电子招标文件，对接政府行政主管部门相关服务信息平台； 3.4.2 能够运用工程计价软件生成电子投标文件，对接政府行政主管部门相关服务信息平台； 3.4.3 能够运用工程计价软件编制招标控制价报表，并依据工程项目要求做个性化的调整； 3.4.4 能够运用工程计价软件编制投标报价报表，并能依据工程项目要求做个性化的调整

表 9-3　工程造价数字化应用职业技能等级要求(高级)

工　作　领　域	工　作　任　务	职业技能要求
1.成本分析	1.1 工程量指标分析	1.1.1 能够对多个相同专业的工程量指标进行汇总整理; 1.1.2 能够运用行业大数据以及自积累数据对工程量指标进行校验; 1.1.3 能够运用行业大数据以及自积累数据对工程量指标进行对比,并且标出指标偏高偏低项目,对指标偏差项目进行检查; 1.1.4 能够运用行业大数据以及自积累数据对工程量指标进行分析,归纳出抗震等级、层高、不同业态项目的各种指标以及影响因素; 1.1.5 能够整理数据并形成相应的指标库; 1.1.6 能够出具工程量指标分析报告
	1.2 项目价格指标分析	1.2.1 能够运用行业大数据以及自积累数据对综合单价组价(定额套取、系数调整、费率调整等)做出合理的判断; 1.2.2 能够进行市场价格信息收集,能够运用信息化平台对建筑材料价格、综合单价、单方造价进行筛选及合理性分析; 1.2.3 能够运用软件进行投标总价、分部分项综合单价、措施项目、材料价格等详细比较,找到差异并且分析其合理性; 1.2.4 能够对工程项目的合理性、行业标准的符合性做审核,并能依据规范以及项目要求做相应的修改; 1.2.5 能够整理数据并形成相应的指标库; 1.2.6 能够出具价格指标分析报告
2.施工过程成本管理	2.1 施工进度款管理	2.1.1 能够核实现场形象进度,运用软件完成每一期形象进度式标书,并且能够实时统计建设单位以及监理单位对进度款的批复情况; 2.1.2 能够依据施工合同及施工组织方案,应用软件进行进度工程量拆分,确定进度工程量; 2.1.3 能够依据施工合同、相关认价资料、施工组织方案及现场奖惩文件,应用软件编制(审核)进度价格,形成进度款报批(审核)文件; 2.1.4 能够依据合同要求以及材料价格运用软件完成材料调差; 2.1.5 能运用软件依照每一形象进度产值进行实时统计及累计完工情况分析,对产值进度情况做出提前预判; 2.1.6 能够编制进度款申请文件; 2.1.7 能够熟读施工合同,对进度款的申请时间、支付节点、支付比例申请(审核)进度款要求等进行申报(审核)

工 作 领 域	工 作 任 务	职业技能要求
2. 施工过程成本管理	2.2 施工签证费用管理	2.2.1 能够确认签证文件合规合理性,依据施工合同及施工组织方案,应用软件进行变更工程量计算(审核),确定变更工程量; 2.2.2 能够依据施工合同、相关认价资料、施工组织方案,应用软件确定(审核)对应合同外价格; 2.2.3 能够进行现场签证的审查
	2.3 施工变更费用管理	2.3.1 能够确认变更文件合规合理性,依据施工合同及施工组织方案,应用软件进行变更工程量计算(审核),确定变更工程量; 2.3.2 能够依据施工合同、相关认价资料、施工组织方案,应用软件确定(审核)对应合同外价格; 2.3.3 能够进行施工现场变更审查
	2.4 工程索赔费用管理	2.4.1 能够收集索赔相关资料,依据施工合同及相关法律法规等文件确认资料的合规合理性,完成索赔编制资料文件汇编; 2.4.2 能够依据合规合理的合同外政策变化、不可抗力等资料,结合现场施工实际情况,分析合同外工程责任承担比例,应用软件进行合同外索赔工程量计算(审核),确定合同外索赔工程量; 2.4.3 能够依据合规合理的合同外政策变化、不可抗力等资料,分析合同外工程责任承担比例,应用软件编制(审核)合同外索赔清单综合单价、材料设备单价、税费计取等造价相关内容,形成合同外索赔造价
	2.5 结算计量计价原则确认	2.5.1 能够依据合规合理的结算资料,结合现场施工验收情况,应用软件进行结算工程量计算(审核),确定结算工程量; 2.5.2 能够依据合规合理的合同外变更(签证、洽商)等资料,结合现场施工验收情况,分析合同外工程责任承担比例,应用软件进行合同外结算工程量计算(审核),确定合同外结算工程量; 2.5.3 能够依据合规合理的结算资料,结合现场施工验收情况,应用软件编制(审核)结算清单综合单价、材料设备单价、税费计取等造价相关内容,形成合同内结算造价; 2.5.4 能够依据施工合同、合同外变更(签证、洽商)、认价文件等资料,结合现场施工验收情况,分析合同外工程责任承担比例,应用软件编制(审核)合同外结算清单综合单价、材料设备单价、税费计取等造价相关内容,形成合同外结算造价; 2.5.5 能够依据合同要求以及材料价格运用软件完成材料调差; 2.5.6 能够依据合同要求以及人工费、安全文明施工费、规费、税金价格运用软件完成相应调差

续表

工 作 领 域	工 作 任 务	职业技能要求
2. 施工过程成本管理	2.6 造价报告编制	2.6.1 能够依据进度款审核结果编制进度款审核意见； 2.6.2 能够依据签证审核结果编制签证审核意见； 2.6.3 能够依据索赔审核结果编制索赔审核意见； 2.6.4 能够依据变更审核结果编制变更审核意见

参 考 文 献

［1］ 何关培.BIM 总论[M].北京:中国建筑工业出版社,2011.

［2］ 刘广友,牟培超.BIM 应用基础[M].上海:同济大学出版社,2014.

［3］ 卫涛,李容,刘依莲.基于 BIM 的 Revit 建筑与结构设计案例实战[M].北京:清华大学出版社,2017.

［4］ 陆泽荣,刘占省.BIM 技术概论[M].北京:中国建筑工业出版社,2018.

［5］ 陈淑珍,王妙灵.BIM 建筑工程计量与计价实训[M].重庆:重庆大学出版社,2020.

［6］ 朱溢镕,阎俊爱,韩红霞.建筑工程计量与计价[M].北京:化学工业出版社,2015.

［7］ 朱溢镕,兰丽,邹雪梅.建筑工程 BIM 造价应用[M].北京:化学工业出版社,2020.

［8］ 崔德芹,王本刚.工程造价 BIM 应用与实践[M].北京:化学工业出版社,2019.

［9］ 商大勇.BIM 工程项目造价[M].北京:化学工业出版社,2019.

［10］ 马远航,陈志伟.BIM 造价大数据[M].北京:人民邮电出版社,2020.